LA

CONVERSATION

USUELLE

X

21834

PROPRIÉTÉ.

Théodore Lefèvre

CORBEIL. — Typ. et stér. de CRÉTÉ FILS.

LA
CONVERSATION
USUELLE

GUIDE PRATIQUE DES VOYAGEURS
EN PAYS ÉTRANGERS

A L'AIDE DUQUEL

IL EST IMPOSSIBLE D'ÊTRE EMBARRASSÉ

dans aucune des circonstances

QUI SE PRÉSENTENT EN VOYAGE :

PAR

L. BOURDIER ET DE BUSTAMANTE

BIBLIOTHÈQUE NATIONALE IMPRIMÉS

FRANÇAIS-ESPAGNOL

PARIS
THÉODORE LEFÈVRE, ÉDITEUR
RUE DES POITEVINS

PRÉCIS

DE LA

GRAMMAIRE ESPAGNOLE

ALPHABET

Il se compose de vingt-huit lettres.

A, B, C, Ch, D, E, F, G, H, I, J, K, L, LL, M, N, Ñ, O, P, Q, R, S, T, U, V, X, Y, Z.

Les lettres se divisent en voyelles et consonnes.

On peut dire que, sauf quelques exceptions, l'espagnol se prononce comme on l'écrit.

Voici les lettres qui ont en espagnol un son ou une articulation différente du français.

C, Z. — *C* devant *a, o, u*, a le même son qu'en français, ex. : *cabo*, cap, *cola*, queue, *curioso*, curieux. — Devant *e, i*, le *c* se prononce comme le *z*, en mordant un peu le bout de la langue, qu'on retire en émettant l'haleine : *zapato*, soulier, *cepa*, cep, *cilicio*, cilice, *zorra*, renard, *zumo*, suc.

Ch se prononce de même que dans le mot français *chameau*, mais avec plus de force, et comme s'il était précédé d'un *t*. Ex. : *macho*, mulet, *mucho*, beaucoup, *chupar*, sucer ; prononcez *matcho, moutcho, tchoupar*.

E a toujours le son de l'*é* fermé, comme *padre*, père, *madre*, mère, *constante*, constant, *encargo*, commission, qu'on prononce *padré, madré, constanté, éncargo*.

G, J. — *G*, devant les voyelles *a, o, u*, ou devant une consonne, a le même son qu'en français. Devant les voyelles *e* et *i*, il prend un son guttural qui, ainsi que la *jota*, *j*, se rapproche du *h* aspiré, en exagérant sa prononciation ; ex. : *general*, général, *genio*, génie, *giro*, tour, *ginete*, écuyer. — *Alhaja*, bijou, *jóven*, jeune, *juez*, juge ; prononcez *hhénéral, hhénio, hhiro, hhinété, alhahha, hhóvén, hhuéz*.

H. — Cette lettre n'est jamais aspirée ; ainsi *los hombres*, les hommes, *las horas*, les heures, *los héroes*, les héros, doivent se prononcer *lossombrés, lassoras, losséroés*. Ainsi donc, l'*h* n'est qu'un signe orthographique.

Ll se prononce toujours comme dans le mot *famille :* ex. : *llegar*, arriver, *llover*, pleuvoir, *lluvia*, pluie ; prononcez *lhiégar, lhiovér, lhiouvia*.

N a le même son que *gn* dans le mot *agneau ;* ainsi *señor*, seigneur, *señoria*, seigneurie, *añadir*, ajouter, *sueño*, songe, se prononcent *ségnor, ségnoria, agnadir, suégno*.

S a toujours le son de *ss :* ainsi *paseo*, promenade, *pesadumbre*, chagrin, *pasar*, passer, *pasion*, passion, se prononcent *passeo, pessadoumbré, passar, passion*.

T a toujours le son fort d'*amitié*, jamais celui celui du *t* dans le mot *impatience*.

U a le son de *ou :* ainsi *ufano*, fier, *orgullo*, orgueil, *orgulloso*, orgueilleux, se prononcent *oufano, orgoulhio, orgoulhioso*. — Cette voyelle ne se fait pas sentir lorsqu'elle est précédée d'un *g* ou d'un *q*, et suivie de *e* ou de *i ;* ex. : *guerra*, guerre, *guerrero*, guerrier, *guisar*, apprêter, *guisado*, ragoût, *conquistar*, conquérir, *conquista*, conquête, *que*, que, *quien*, qui ; prononcez *ghérra, ghérrero, ghissar, ghissado, conqistar, conqista, qé, qién*. Mais si l'*u* qui suit ces deux consonnes est surmonté d'un tréma (*ü*), il conserve le son de *ou ;* ainsi *vergüenza*, honte, *antigüedad*, antiquité, se prononcent *vergouénça, antigouédad*.

V. — Les Espagnols confondent fréquemment la prononciation de cette lettre avec celle du *b ;* mais, d'apres les observations de l'Académie espagnole, dans son *Traité d'orthographe*, il serait mieux de les distinguer, en les prononçant comme en français.

X, nommé *equis*, prend le son de *cs* ou de *gs ;* ex.: *examinar*, examiner, *exagerar*, exagérer, *exonerar*, décharger,

exigir, exiger, *reflexion,* réflexion, *axioma,* axiome : prononcez *égssaminar, égssahhérar, égssonérar, égssilhir,
réflécssion, acssioma.*

DES ACCENTS ET DE LA PRONONCIATION

Les seuls accents dont les Espagnols font usage aujour-
d'hui, sont : *á, é, i, ó, ú,* aigus, et *ü* tréma.

L'accent aigu rend longue la syllabe sur laquelle il est
placé, c'est-à-dire qu'on appuie sur cette syllabe, et qu'on
prononce brèves celles qui suivent; comme aussi, par la
même raison, si le mot est terminé par une voyelle accentuée, on appuiera sur cette dernière syllabe, et on prononcera brève celle qui précède.

Ainsi *águila,* aigle, *acá, acullá,* çà, là, *época,* époque,
epidérmis, épiderme, *haré,* je ferai, *idolo,* idole, *idolatria,*
idolâtrie, *tahali,* baudrier, *óbice,* obstacle, *apóstol,* apôtre,
habló, il parla, *úlcera,* ulcère, se prononcent *á-guila, acá,
acoulhiá, é-poca, epidér-mis, haré, i-dolo, idolatri-a, taali,
ó-bice, após-tol, habló, oül-cera.*

Dans tous les mots terminés par une voyelle non accentuée, on prononce cette syllabe brève, et on appuie sur la
pénultième. Ainsi, *musa,* muse, *boda,* noce, *botica,* phar-
macie, *botella,* bouteille, *bribonada,* friponnerie, se prononcent *mou-ssa, bo-da, boti-ca, bothe-lhia, bribona-da.*
Mais si la syllabe qui précède la pénultième est accentuée,
alors on appuiera sur celle-là, et on prononcera brèves les
deux dernières.

Comme on vient de le voir, la prononciation en espagnol
n'offre aucune difficulté pour les Français : ils n'ont d'autres sons nouveaux à apprendre que *ce, ci, za, zo, zu;* car
le *j (jota)* est un *h* aspiré en exagérant sa prononciation, et
le *ch* espagnol ressemble au *ch* français.

Ajoutons que toutes les lettres se prononcent en espagnol,
excepté l'*u* dans les syllabes *que, qui, gue, gui;* qu'il n'y a
pas de sons nasaux, ni de combinaisons de voyelles, pas
de *ph,* pas d'*h* aspirée, et enfin que les seules lettres qui se
redoublent sont les voyelles *e, i, o,* et les consonnes *c, n, r.*

4 GRAMMAIRE ESPAGNOLE.

Ex. : *preeminencia*, prééminence, *piísimo*, très-pieux ; *loor*, louange ; — *Acceso*, accès ; *innovacion*, innovation ; *corrector*, correcteur.

Pour se familiariser avec la prononciation, on pourra s'exercer sur le morceau suivant tiré du *Don Quichotte* :

« Despues que Don Quijote hubo bien satisfecho su estómago, tomó un puño de bellotas en la mano y mirándolas atentamente soltó la voz á semejantes razones :

« Dichosa edad y siglos dichosos aquellos á quien los antiguos pusiéron nombre de dorados, y no porque en ellos el oro, que en esta nuestra edad de hierro tanto se estima, se alcanzase en aquella venturosa sin fatiga alguna, sino porque entónces los que en ella vivian ignoraban estas dos palabras de *tuyo y mio*.

« Eran en aquella santa edad todas las cosas comunes : á nadie le era necesario, para alcanzar su ordinario sustento, tomar otro trabajo que alzar la mano, y alcanzarle de las robustas encinas que libremente les estaban convidando con su dulce y sazonado fruto.

« Las claras fuentes y corrientes rios, en magnifica

« Déspoués qé Don Qihhoté oubo bién satisfétcho sou éstómago, tomó oun pougno dé bélhiotass én la mano, y mirándolass aténtaménté, soltó la voç, á séméhhantés raçonés :

« Ditchossa édad i siglos ditchossoss aqélhioss á qién loss antigouos poussiéron nombré dé dorados, i no porqé én élhioss él oro, qé én ésta nouéstra édad dé iérro tanto sé éstima, sé alcançassé én aqélhia véntourossa sin fatiga algouna, sino porqé éntonçés los qé én élhia vivian ighnoraban éstas dos palabras dé touio i mio.

« Éran én aqélhia santa édad todas las cossas comounés : á nadié lé éra néçéssario, para alcançar sou ordinario sousténto, tomar otro trabahho qé alçar la mano, i alcançarlé dé las roboustass énçinas, qé libréménté léss éstaban convidando con sou doulçe i saçonado frouto.

« Las claras fouéntés i corriéntés rios, én maghnífica

« abundancia, sabrosas y « transparentes aguas les « ofrécian. En las quiebras « de las peñas y en lo hueco « de los árboles formaban « su república las solícitas y « discretas abejas, ofreciendo « á cualquiera mano sin in-« terés alguno la fértil cose-« cha de su dulcísimo tra-« bajo.

« Los valientes alcorno-« ques despedian de sí, sin « otro artificio que el de su « cortesía, sus anchas y li-« vianas cortezas con que se « comenzáron á cubrir las « casas sobre rústicas esta-« cas sustentadas no mas que « para defensa de las incle-« mencias del cielo.

« Todo era paz entónces, « todo amistad, todo concor-« dia : aun no se habia atre-« vido la pesada reja del « corvo arado á abrir ni vi-« sitar las entrañas piadosas « de nuestra primera madre, « que ella sin ser forzada « ofrecia por todas las partes « de su fértil y espacioso seno « lo que pudiese hartar, sus-« tentar y deleitar á los hijos « que entónces la poseian.

« Entónces si que andaban « las simples y hermosas za-« galejas de valle en valle, « y de otero en otero, en « trenza y en cabello, sin mas

aboundançia, sabrossass i transparéntéss agouas léss ofréçian. En las qiébrass dé las pegnass i én lo ouĕco dé loss árbolés formaban sou répoública las soliçitass i discrétass abéhhass, ofré-çiéndo á coualqiéra mano sin intéréss algouno la fértil cos-sétcha de sou doulçissimo trabahho.

« Los valiéntéss alcornoqés déspédian dé sí, sin otro ar-tifiçio qé él dé sou cortéssia, souss antchass i livianas cor-téças con qé sé coménçáron á coubrir las cassas sobre roústicas éstacas sousténta-das no mas qé para défénsa dé lass inléméncias dél çiélo.

« Todo éra paç éntonçés, todo amistad, todo concor-dia : aoun no sé abia atré-vido la péssadá réhha del corvo arado á abrir ni vissi-tar lass éntragnas piadossas dé nouéstra priméra madré, qé élhia sin sér forçada ofréçia por todass lass partés dé sou fertil i espaçiosso séno lo qé poudiéssé artar, sous-téntár i déléitar á loss ihhoss qé éntonçés la posséian.

« Éntonçés si qé andaban las simpléss i érmossas çaga-léhhas dé valhié en valhié, i dé otéro én otéro, én trén-ça i én cabélhio, sin mas

« vestidos de aquellos que
« eran menester para cubrir
« honestamente lo que la ho-
« nestidad quiere y ha que-
« rido siempre que se cubra,
« y no eran sus adornos de
« los que ahora se usan, á
« quien la púrpura de Tiro
« y la por tantos modos mar-
« tirizada seda encarecen,
« sino de algunas hojas de
« verdes lampazos y yedra
« entretejidas, con lo que
« quizá iban tan pomposas
« y compuestas, como van
« ahora nuestras cortesanas
« con las raras y peregrinas
« invenciones que la curio-
« sidad ociosa les ha mos-
« trado.

« Entónces se decoraban
« los concetos amorosos del
« alma simple y sencilla-
« mente, del mismo modo y
« manera que ella los con-
« cebia, sin buscar artificioso
« rodeo de palabras para
« encarecerlos.

« No habia la fraude, el
« engaño, ni la malicia mez-
« cládose con la verdad y
« llaneza. La justicia se es-
« taba en sus propios térmi-
« nos, sin que la osasen tur-
« bar ni ofender los del favor
« y los del interés, que tanto
« ahora la menoscaban, tur-
« ban y persiguen.

« La ley del encaje aun

véstidos dé aqélhios qé éran
ménéstér para coubrir onés-
taménté lo qé la onéstidad
qiéré i a qérido siémpré qé
sé coubra : i no éran souss
adornos dé los qé aora sé
oussan, á qién la poúrpoura
dé Tiro, i la por tantos modos
martiriçada séda éncaréçén,
sino dé algoùnass ohhas dé
vérdés lampaçoss i iedra en-
trétéhhidas, con lo qé qiça
iban tan pompossass i com-
pouéstas, como van aora
nouéstras cortéssanass con
lass rarass i pérégrinass in-
vénçionés qé la couriossidad
oçiossa léss a mostrado.

« Éntónçés sé décoraban
los concétoss amorossos dél
alma simplé i sénçilhiamén-
té, dél mismo modo i manéra
qé élhia los conçébia, sin
bouscar artifiçiosso rodéo dé
palabras para éncaréçérlos.

« No abía la fraoudé, él
engagno, ni la maliçia més-
cládossé con la verdad i
lhianéça. La hhoustiçia sé
éstaba én sous propios tér-
minos, sin qé la ossassén
tourbar ni oféndér los dél
favor y los dél intérés, qé
tanto aora la ménoscaban,
tourban y pérssighén.

« La léy dél éncahhé aoun

« no se habia sentado en el « entendimiento del juez, « porque entónces no habia « que juzgar, ni quien fuese « juzgado. Las doncellas y « la honestidad andaban co- « mo tengo dicho, por donde « quiera, solas y señeras, « sin temor que la ajena de- « senvoltura y lascivo intento « la menoscabasen, y su per- « dicion nacia de su gusto y « propia voluntad.

« Y ahora en estos nues- « tros detestables siglos no « está segura ninguna, aun- « que la oculte y cierre otro « nuevo laberinto como el de « Creta : porque allí por los « resquicios ó por el aire, con « el zelo de la maldita soli- « citud, se les entra la amo- « rosa pestilencia, y les hace « dar con todo su recogi- « miento al traste. »

no sé abia séntado én él énténdimiénto dél hhoués, porqé éntonçés no abia qé hhouçgar, ni qién fouéssé hhouçgado. Las doncélhiass i la onéstidad andaban, como tengo ditcho, por dondé qiéra, solass i ségnéras, sin témor qé la ahhéna désséhvoltoura i lascivo inténto las ménos- cabassén, i sou pérdiçion na- çia dé sou gousto i propia voluntad.

« I aora én éstos nouéstros détéstablés siglos no está sé- goura ningouna, aounqé la ocoulté i çiérré otro nouévo labérinto como el dé Créta : porqé alhí por los résqiçioss ó por él airé, con él çélo dé la maldita soliçitoud, sé léss éntra la amorossa péstilén- çia, y léss açé dar con todo sou récohhimiénto al trasté. »

DES PARTIES DU DISCOURS

La langue espagnole est composée de neuf espèces de mots, savoir : l'*article*, le *nom*, le *pronom*, le *verbe*, le *participe*, l'*adverbe*, la *préposition*, la *conjonction* et l'*interjection*.

DES GENRES

Il y a trois genres en espagnol, le *masculin*, le *féminin*, et le *neutre*.

On ne se sert du genre neutre que lorsque certains adjectifs sont pris dans un sens indéterminé ou indéfini ; ex.: *lo bueno*, le bon, *ou* ce qui est bon ; *lo peor*, le pire, *ou* ce qui est pis. On voit par là que ce genre, qui n'a point de pluriel, ne s'applique ni aux personnes ni aux choses, mais seulement aux adjectifs pris substantivement, et aux substantifs pris adjectivement : ex. Tout était grand dans saint Louis : le roi, le saint, le capitaine. *Todo era grande en san Luis : lo rey, lo santo, lo capitan.*

DES NOMBRES

Il y a deux nombres, le singulier et le pluriel.

DE L'ARTICLE

L'article a trois genres en espagnol : *el* pour le masculin, *la* pour le féminin, *lo* pour le neutre.

On les emploie de la manière suivante :

SINGULIER.

Masculin.	Féminin.	Neutre.
El, le, l'.	*La,* la, l'.	*Lo,* le, l'.
Del, du, de l'.	*De la,* de la, de l'.	*De lo,* du, de l'.
Al, au, à l'.	*Á la,* à la, à l'.	*Á lo,* au, à l'.

PLURIEL.

Los, les.	*Las,* les.
De los, des.	*De las,* des.
Á los, aux.	*Á las,* aux.

Quoique l'article *el* n'appartienne qu'au masculin, néanmoins on peut le placer devant les substantifs féminins commençant par un *a* long, c'est-à-dire, sur lequel on appuie quand on prononce ; ex. : *el agua*, l'eau, *el ala*, l'aile, *el águila*, l'aigle. Cependant au pluriel on dira : *las aguas, las alas*, etc., parce qu'alors le choc des deux voyelles n'a pas lieu. Mais *América*, Amérique, *Arabia*, Arabie, *ale-*

gria, joie, etc., prendront l'article féminin *la,* parce que ce n'est pas sur le premier *a* qu'on appuie.

Les articles *du, de, de la, des,* placés devant des noms substantifs pris dans un sens indéterminé ou partitivement, ne s'expriment pas en espagnol; ex. : *Dame pan, vino y queso,* donne-moi *du* pain, *du* vin et *du* fromage ; et non *dame del pan,* etc. *Tiene prudencia,* il a *de la* prudence ; et non *de la prudencia.*

Si, au contraire, le nom est pris dans un sens déterminé, il doit être précédé de l'article; ex. : *Dame del paño, de las manzanas que tú has comprado,* donne-moi *du* drap, *des* pommes que tu as achetées. *Dame de tu pan,* donne-moi de ton pain. Enfin si ce même nom est au pluriel, et que *de* ou *des* exprime le mot *quelque,* on les traduit par *unos, unas, algunos, algunas,* suivant le genre du nom; ex. : *Comeré unos, ó algunos higos,* je mangerai *des* figues, ou *quelques* figues. Mais si *quelque* désigne une quantité absolument indéterminée, alors *de* ou *des* ne s'exprime point; ex. : *Tiene amigos,* il a *des* amis.

DU NOM

Il est substantif et adjectif. Les substantifs sont masculins ou féminins.

Les noms qui se terminent au singulier par une voyelle brève, c'est-à-dire non accentuée, forment leur pluriel par l'addition d'un *s ;* ex. : *carta,* lettre, *cartas,* lettres ; *madre,* mère, *madres,* mères ; *tiempo,* temps, *tiempos,* temps. Ceux qui se terminent par une voyelle longue, c'est-à-dire accentuée, ou par une consonne, prennent au pluriel *es ;* ex. : *borceguí,* brodequin, *albalá,* passavant, *razon,* raison, *reloj,* horloge; plur. *borceguies, albálaes, razones, relojes.* Il faut excepter les mots terminés par *é* long, tels que *café,* café, *té,* thé, dont les pluriels sont *cafés, tés ;* et les mots polysyllabes terminés par un *s,* dont la dernière syllabe est brève, qui ne changent pas au pluriel; ex. : *el lunes,* le lundi, *la hipótesis,* l'hypothèse, etc., dont les pluriels sont *los lunes, las hipótesis.*

L'article se place devant les noms substantifs de la manière suivante :

Substantif masculin.

SINGULIER.	PLURIEL.
El señor, le seigneur.	*Los señores,* les seigneurs.
Del señor, du seigneur.	*De los señores,* des seigneurs.
Al señor, au seigneur.	*Á los señores,* aux seigneurs.

Substantif féminin.

La señora, la dame.	*Las señoras,* les dames.
De la señora, de la dame.	*De las señoras,* des dames.
Á la señora, à la dame.	*Á las señoras,* aux dames.

DES NOMS PROPRES

Les noms propres d'hommes, de femmes, de villes, de villages, de mois, etc., ne prennent point d'article, et s'emploient dans le discours à l'aide des prépositions *de* et *á* de la manière suivante :

Pedro, Pierre.	*Juana,* Jeanne.
De Pedro, de Pierre.	*De Juana,* de Jeanne.
Á Pedro, à Pierre.	*Á Juana,* à Jeanne.

Mais si le nom propre devient nom commun, alors il est précédé de l'article ; ex. : *Calderon fué el Aristófanes de la España,* Caldéron fut l'Aristophane de l'Espagne.

Les noms propres et appellatifs d'hommes et d'animaux mâles, ainsi que les noms qui expriment des arts, des sciences, des dignités, des professions, des métiers, etc., propres aux hommes, sont du genre masculin ; ex. : *hombre, caballo, poeta,* homme, cheval, poëte, etc. Ils sont féminins, s'ils désignent des êtres de ce genre, ou des professions, des métiers, etc., propres aux femmes ; ex. : *mujer, yegua, lavan-*

dera, abadesa, etc., femme, jument, blanchisseuse, abbesse, etc.

Tous les noms de rivières sont masculins. On excepte parfois *la Esgueva* et *la Huerva.*

On connaît, en général, le genre des noms substantifs par leur terminaison.

Ceux terminés en *a, de, z, is, en, ion, ente, be, re, bre* et *erte,* sont pour la plupart du genre féminin. Cette règle a pourtant de nombreuses exceptions.

Les substantifs terminés en *e, o, u, l, r, s, an, in, on,* sont du genre masculin : il y a toujours des exceptions.

Le pluriel des adjectifs se forme de la même manière que celui des substantifs.

Les adjectifs qui ont leur terminaison masculine en *o, ete,* ou *ote,* forment leur féminin en changeant leur dernière voyelle en *a ;* ex. : *hermoso, hermosa,* joli, jolie ; *docto, docta,* savant, savante ; *regordete, regordeta,* trapu, trapue ; *altote, altota,* très-grand, très-grande.

Ceux qui se terminent au masculin par une autre lettre n'ont en général qu'une seule terminaison pour les deux genres ; ex. : *un hombre cortés,* un homme poli ; *una mujer cortés,* une femme polie; *un hombre grave,* un homme grave; *una materia grave,* une matière grave.

Il y a cependant quelques adjectifs terminés par une consonne, qui prennent l'*a* au féminin ; ex. : *holgazan,* fainéant, *holgazana,* fainéante ; *mamanton, mamantona,* celui ou celle qui tette beaucoup, etc., ainsi que ceux qui expriment des noms de pays ; ex. : *francés,* français, *francesa,* française ; *inglés,* anglais, *inglesa,* anglaise ; *español,* espagnol, *española,* espagnole, etc. Parmi ces derniers, il en est qui finissent en *a,* et qui n'éprouvent aucun changement au féminin. Ce sont généralement des termes de nationalités ; ex. : *persa,* persan, persane, etc.

Il en est de même pour les noms terminés par une consonne, qui indiquent une dignité, un métier, une action, appliqués à l'homme, et auxquels on ajoute *a,* pour la la femme ; ex. : *coronel, coronela,* colonel, *trabajador, trabajadora,* travailleur, *albañil, albañila,* plâtrier, etc.

Remarques sur quelques adjectifs.

Alguno, bueno, malo, ninguno, uno, primero, tercero, postrero, perdent l'*o* devant le substantif masculin singulier qui les suit; ex.: *buen amo,* bon maître; *un buen libro,* un bon livre; *el primer hombre,* le premier homme, etc. Mais s'ils sont placés après le substantif, ils conservent l'*o*: ex.: *un hombre malo,* un homme méchant; *el dia tercero* (1), le troisième jour, etc. — *Uno* perd l'*o* devant l'adjectif comme devant le substantif; ex.: *un hábil médico,* un habile médecin. — Mais si le substantif n'est point exprimé, l'adjectif qui s'y rapporte ne perd alors aucune lettre: *es bueno,* il est bon; *es malo,* il est méchant; *el primero de todos,* le premier de tous; *uno de esos señores,* un de ces messieurs.

Santo perd la dernière syllabe devant les noms propres des saints; ex.: *san Pedro, san Juan,* saint Pierre, saint Jean, etc. On exceptera de cette règle générale les noms de *Domingo, Tomás* ou *Tomé, Toribio,* et on dira: *Santo Domingo, santo Tomás* ou *santo Tomé, santo Toribio.* Mais on dira *la isla de San-Tomas* (sans l'accent); ex.: *Santo Tomás nunca estuvo en San-Tomas,* saint Thomas n'alla jamais à Saint-Thomas.

Ciento perd sa dernière syllabe lorsqu'il précède un substantif; ex.: *cien pesos,* cent piastres; *cien mujeres,* cent femmes. Dans tous les autres cas, il la conserve. *Grande,* grand, perd la dernière syllabe devant un substantif qui commence par une consonne, toutes les fois qu'il signifie *grand en mérite, en qualités;* ex.: *una gran mujer,* une femme distinguée par son courage ou par ses vertus; *un gran poeta,* un grand, un fameux poëte; *un gran caballo,* un cheval excellent. — Mais *grande* conserve la dernière syllabe, s'il exprime seulement l'étendue ou la dimension, ou si le substantif dont il est suivi commence par une voyelle, et alors il vaut mieux mettre l'adjectif *grande* après le substantif. Ainsi on dit: *una casa grande,* une maison

---

(1) On dit également *el tercer* et *el tercero dia.*

vaste ; *un campo grande,* un champ étendu ; *un amigo grande,* un grand ami ; *el Teatro grande de Burdeos es un gran teatro,* le Grand Théâtre de Bordeaux est un théâtre magnifique.

DES DIMINUTIFS ET DES AUGMENTATIFS.

Les *diminutifs* servent à diminuer et à adoucir la signification du mot dont ils dérivent ; leurs terminaisons les plus usitées sont en *ico, ica, illo, illa, cillo, cilla, ito, ita, zuelo, zuela, ucho,* et *ejo ;* ex. : *hombrecico, hombrecillo, hombrecito, hombrezuelo,* petit homme ; *mujercilla, mujercita, mujercica, mujerzuela,* petite femme ; *mozalvete,* petit jeune homme ; *animalucho, animalejo,* petit animal, etc. Les diminutifs terminés en *uelo* ou *zuelo* expriment toujours le mépris.

Les *augmentatifs* sont ceux qui augmentent la signification des mots dont ils dérivent ; ils se forment en ajoutant *on, azo, onazo* ou *ote,* pour le masculin, et *ona, aza* ou *onaza,* pour le féminin ; ex. : *hombron, hombrazo, hombronazo,* gros ou grand homme ; *grandon, grandote, grandazo, grandonazo,* très-gros et démesuré ; *mujerona, mujeraza, mujeronaza,* grosse ou grande femme, etc.

Il y a beaucoup de mots terminés en *azo,* qui ne sont point des augmentatifs, mais qui expriment un mouvement, une action ; ex. : *fusil,* fusil, *fusilazo,* coup de fusil ; *pistola,* pistolet, *pistoletazo,* coup de pistolet ; *cañon,* canon, *cañonazo,* coup de canon, etc. ; et non grand fusil, etc.

Degrés de signification dans les adjectifs.

Il y a trois degrés de signification : le *positif,* le *comparatif* et le *superlatif.* Le *positif* exprime simplement la qualité ; ex. : *prudente,* prudent. Lorsque l'adjectif exprime cette qualité avec comparaison, il est au *comparatif,* qui se forme en ajoutant l'adverbe *mas* au *positif ;* ex. : *mas prudente,* plus prudent. Enfin, lorsque la qualité est exprimée au plus haut degré, l'adjectif est au *superlatif*, qui se forme en ajoutant l'adverbe *muy* au positif, ou *simo* aux positifs terminés par une voyelle que l'on change en *i* et *isimo* à ceux terminés par une consonne ; ex. : *muy prudente* ou *prudentisimo*, très-prudent ; *muy feliz* ou *felicisimo*, très-heureux.

On divise les comparatifs en comparatifs de *supériorité*, d'*infériorité* et d'*égalité*.

Le comparatif de *supériorité* s'exprime par *mas*, plus, et le *que* suivant par *que*; ex. : il est plus habile que son frère, *es mas hábil que su hermano*.

Placé devant le substantif, l'adverbe, et après le verbe, *plus* n'admet aucune préposition après lui ; ex. : il a plus de bonheur que de science, *tiene mas dicha que ciencia*.

Plus régit sans négation le verbe qui suit le *que*; ex. : il est plus adroit qu'il ne paraît, *es mas diestro que parece*, ou *de lo que parece*; et non *que no parece*.

Le comparatif d'*infériorité* est exprimé par *ménos*, moins, suivi de *que*, que ; ex. : il est moins prudent que vous, *es ménos prudente que usted*.

Si on l'exprime par *no—tan*, ne—pas si, le *que* suivant se rend par *como*; ex. : vous n'êtes pas si sage que votre sœur, *usted no es tan cuerdo como su hermana*.

Moins de—que, où *pas tant de—que*, se rendent par *ménos* ou *no tanto*, en supprimant la préposition *de*, et traduisant le *que* qui suit *ménos* par *que*, et celui qui suit *no tanto* par *como*; ex. : il a moins de courage et moins d'ennemis que vous, *tiene ménos valor y ménos enemigos que usted*; il n'a pas tant d'argent, tant de fermeté, tant d'amis que vous, *no tiene tanto dinero, tanta firmeza, tantos amigos como usted*. — On voit, par ces exemples, que *ménos* est invariable, et que *tanto* s'accorde toujours en genre et en nombre avec le substantif dont il est suivi.

Le comparatif d'*égalité* se rend par *tan—como*, aussi — que; ex. : vous êtes aussi savant que votre cousin, *usted es tan docto como su primo*; par *tanto—como*, autant de — que de; ex. : il agit avec autant de prudence que de valeur, *obra con tanta prudencia como valor*, enfin par *tanto cuanto*, ou *como*, autant que, entre deux verbes : je l'aime autant que je l'estime, *le quiero tanto cuanto*, ou *como lo estimo*.

Le plus, le moins, placés devant un adverbe ou un verbe, se rendent par *lo mas, lo ménos* ; ex. : le plus exactement, *lo mas exactamente ;* le moins que je peux, *lo ménos que puedo.* Placés devant un adjectif précédé de son substantif, sans ponctuation, ou après un verbe, on les traduit par *mas, ménos,* sans article ; ex. : c'est la femme la plus vertueuse que je connaisse, *es la mujer mas virtuosa que conozco ;* c'est l'homme que j'estime le moins, *es el hombre que estimo ménos.*

Plus—plus, moins moins, répétés dans deux membres différents d'une phrase, dont le second est en quelque sorte la conséquence du premier, se rendent par *cuanto mas—tanto mas, cuanto ménos—tanto ménos,* qui s'accordent avec le substantif qu'ils modifient ; ex. : plus les hommes sont vertueux, plus ils sont heureux, *cuanto mas virtuosos son los hombres, tanto mas felices son ;* moins l'homme est laborieux, moins il s'enrichit, *cuanto ménos trabajador es el hombre, tanto ménos se enriquece ;* plus il s'applique à l'étude des sciences, moins il augmente sa fortune, *cuanto mas se dedica al estudio de las ciencias, tanto ménos aumenta su hacienda ;* plus vous aurez d'amis, plus vous serez puissant, *cuanto mas amigos tenga Vm., tanto mas poderoso será.*

Nous faisons observer l'inversion de ces phrases : là-dessus on peut donner cette règle générale : lorsqu'un adverbe de quantité français se trouve séparé du mot qu'il modifie, on le rapproche en espagnol ; ex. : combien avez-vous de livres ? ¿ *Cuantos libros tiene Vm. ?*

D'autant moins que, d'autant plus que, s'expriment par *tanto ménos, cuanto mas ;* ex. : il était d'autant moins appliqué à l'étude, qu'il avait d'autant plus de facilité pour apprendre, *ou* qu'il avait plus de talent, *era tanto ménos aplicado al estudio, cuanto mas facilidad tenia para aprender, ou cuanto mas talento tenia.*

Des nombres cardinaux.

Uno, una, un, une.
Dos, deux.
Tres, trois.
Cuatro, quatre.
Cinco, cinq.
Seis, six.
Siete, sept.
Ocho, huit.
Nueve, neuf.
Diez, dix.
Once, onze.
Doce, douze.
Trece, treize.
Catorce, quatorze.
Quince, quinze.
Diez y seis, seize.
Diez y siete, dix-sept.
Diez y ocho, dix-huit.
Diez y nueve, dix-neuf.
Veinte, vingt.
Veinte y uno, vingt-un.
Veinte y dos, vingt-deux.
Veinte y tres, vingt-trois.
Veinte y cuatro, vingt-quatre.
Veinte y cinco, vingt-cinq.
Veinte y seis, vingt-six.
Veinte y siete, vingt-sept.
Veinte y ocho, vingt-huit.
Veinte y nueve, vingt-neuf.

Treinta, trente.
Treinta y uno, trente-un.
Cuarenta, quarante.
Cincuenta, cinquante.
Sesenta, soixante.
Setenta, soixante-dix.
Ochenta, quatre-vingts.
Noventa, quatre-vingt-dix.
Ciento, cent.
Ciento y uno, cent un.
Ciento y diez, cent dix.
Doscientos—as, deux cents.
Trescientos—as, trois cents.
Cuatrocientos — as, quatre cents.
Quinientos—as, cinq cents.
Seiscientos—as, six cents.
Setecientos—as, sept cents.
Ochocientos—as, huit cents.
Novecientos—as, neuf cents.
Mil, mille.
Mil y ciento, onze cents.
Mil y doscientos—as, douze cents.
Dos mil, deux mille.
Cien mil, cent mille.
Doscientos mil, deux cent mille, etc.
Millon, million.
Dos millones, deux millions.

Les nombres cardinaux sont invariables, excepté le premier, lorsqu'ils sont pris adjectivement; mais ils suivent la règle des substantifs, lorsqu'ils sont pris substantivement; ex. (pour ce dernier cas) : un jeu de cartes a quatre quatre, quatre cinq, quatre huit, etc., *una baraja tiene cuatro cuatros, cuatro cincos, cuatro ochos, etc.*

Des nombres ordinaux.

Les nombres ordinaux marquent l'ordre et le rang, et sont adjectifs.

Primero—a, ou *primo—a,* premier, première.
Segundo—a, second, seconde ou deuxième.
Tercero ou *tercio,* troisième.
Cuarto, quatrième.
Quinto, cinquième.
Sexto, sixième.
Séptimo, septième.
Octavo, huitième.
Nono, neuvième.
Décimo, dixième.
Undécimo, onzième.
Duodécimo, douzième.
Décimo tercio, treizième.
Décimo cuarto, quatorzième.
Décimo quinto, quinzième.
Décimo sexto, seizième.
Décimo séptimo, dix-septième.
Décimo octavo, dix-huitième.
Décimo nono, dix-neuvième.
Vigésimo, vingtième.
Vigésimo primo, vingt-unième.
Vigésimo segundo, vingt-deuxième.
Vigésimo tertio, vingt-troisième, etc.
Trigésimo, trentième.
Cuadragésimo, quarantième.

Quincuagésimo, cinquantième.
Sexagésimo, soixantième.
Septuagésimo, soixante-dixième.
Octogésimo, quatre-vingtième.
Nonagésimo, quatre-vingt-dixième.
Centésimo, centième.
Centésimo primo, cent-unième.
Centésimo undécimo, cent-onzième, etc.
Ducentésimo, deux-centième.
Trecentésimo, trois-centième.
Cuadringentésimo, quatre-centième.
Quingentésimo, cinq-centième.
Sescentésimo, six-centième.
Septingentésimo, sept-centième.
Octogentésimo, huit-centième.
Nonagentésimo, neuf-centième.
Milésimo, millième.
Ultimo, dernier.

DES PRONOMS

Ils se divisent en pronoms *personnels, possessifs, démonstratifs, relatifs* et *indéterminés.*

Pronoms personnels.

Les pronoms personnels sont trois : de la première, de la seconde et de la troisième personne. A ces trois personnes on en ajoute une autre sous le nom de pronom réfléchi, qui appartient à la troisième personne.

PREMIÈRE PERSONNE.

Singulier.	Pluriel.
Yo, je *ou* moi.	*Nos,* ou *nosotros—as,* nous.
De mí, de moi.	*De nosotros—as,* de nous.
Á mí, à moi.	*Á nosotros—as,* à nous.
Me, me.	*Nos,* nous.

SECONDE PERSONNE.

Singulier.	Pluriel.
Tú, tu *ou* toi.	*Vos* ou *vosotros—as,* vous.
De ti, de toi.	*De vosotros—as,* de vous.
Á ti, à toi.	*Á vosotros—as,* à vous.
Te, te.	*Os,* vous.

TROISIÈME PERSONNE.

Singulier.	Pluriel.
Él, il *ou* lui ; *ella,* elle.	*Ellos,* ils *ou* eux ; *ellas,* elles.
De él, de lui ; *de ella,* d'elle.	*De ellos—as,* d'eux, d'elles.
Á él, à lui ; *á ella,* à elle.	*Á ellos—as,* à eux, à elles.
Le, se, lui ; *la,* la.	*Les, se,* leur ; *los, las,* les.

Pronom réfléchi de la troisième personne.

De si, de soi, de lui, d'elle, d'eux, d'elles.
Á si, à soi, etc. — *Se,* se.

1° On ne se sert en espagnol des pronoms *tú, te,* toi, te, et *tu, tus,* ton, ta, tes, que dans le discours familier, ou lorsqu'on parle à des enfants, de même qu'en français; ex. : ton maître te gâte, *tu maestro te cria mal.*

Dans le style ordinaire, on parle toujours à la troisième personne, et *vous* se traduit par *usted* (1) au singulier, et *ustedes* au pluriel, qui servent pour les deux genres; ex. : avez-vous vu monsieur le comte ? ¿ *ha visto vd.* ou (au pluriel) *han visto vds. al señor Conde?* Je passerai la journée de demain avec vous, *pasaré el dia de mañana con vd.* ou *vds.,* et non *con vos* ou *con vosotros.* Lorsque le régime *usted* ou *ustedes* se répète dans la même phrase, il faut le supprimer une fois en le remplaçant par les pronoms personnels *le, les ;* ex. : avez-vous fait ce que je vous ai dit ? ¿ *Hizo usted lo que le dije?* Enfin, quand on s'adresse à Dieu, aux saints, aux souverains ou à un grand, *vous* s'exprime par *vos* (et on met le verbe à la seconde personne du pluriel lorsque *vous* en est le sujet), et par *os* lorsqu'il en est le régime ; ex. : Prince, vous m'honorez de votre protection, *Príncipe, vos me honrais con vuestra proteccion.* Seigneur, je vous supplie, *Señor, os suplico.*

2° *Avec moi, avec toi, avec soi,* se traduisent par *conmigo, contigo, consigo;* ex. : je porte tout mon bien avec moi, *lo llevo todo conmigo,* et non *con mi,* etc.

3° *Soi-même, lui-même, elle-même,* etc., s'expriment par *si mismo—a ;* ex. : il se loue lui-même, *sea laba á si mismo;* elles s'accusent elles-mêmes, *se acusan á si mismas*

4° Les pronoms *me, se, nos, os, le, lo, la, les, los, las,*

(1) *Usted, ustedes,* qui sont une contraction de *vuestra merced, vuestras mercedes,* votre grâce, vos grâces, s'écrivent ordinairement *vmd., vmds., vm., vms.,* ou *vd., vds.*

se, joints à un verbe qui est à l'infinitif, à l'impératif ou au gérondif, se placent toujours après lui, et s'y unissent de manière à ne former qu'un seul mot ; ex. : il vint hier me voir, *vino ayer á verme ;* te secourir, *socorrerte ;* s'acquitter, *desempeñarse ;* nous gronder, *reñirnos ;* vous châtier, *castigaros ;* s'aimer, *quererse ;* il ne voulait pas te le dire, *no queria decirtelo ;* applique-toi, *aplicate ;* en l'écrivant, *escribiéndolo.* Dans tous les autres cas, on les place devant les verbes ; ex. : je te parle, *te hablo ;* il l'estime, *le estima ;* ils s'aiment, *se quieren*, etc. — On dit cependant : *sucedióme un lance inesperado,* il m'arriva un événement imprévu. On emploie le pronom *se* dans les troisièmes personnes des temps et à l'infinitif des verbes à la voix passive ; ex. : cet homme s'est tué à la peine, *este hombre se ha matado con el trabajo.*

5° *Le, la, les, lui, leur,* suivis d'un verbe dont ils sont le régime direct ou indirect, s'expriment par *le, la, los, las, le, les* ; ex. : je le crains, *le temo ;* je la connais, *la conosco ;* je les admire, *los* ou *las admiro ;* je lui ordonnai de venir, *le mandé que viniese ;* je leur écrirai, *les escribiré.*

6° *Le lui, le leur, la lui, les leur, les lui, les leur,* se traduisent par *se lo, se los, se la, se las* ; ex. : je le lui *ou* je le leur dirai, *se lo diré ;* on dit également : *se lo diré á él* ou *á ella, á ellos* ou *á ellas.* Je le lui promis, *prometiselo* ou *se lo prometí ;* je les leur enverrai, *se los* ou *se las enviaré ;* je la lui adresserai, *se la dirigiré ;* je veux le lui donner, *quiero dárselo.*

DES PRONOMS POSSESSIFS

On les divise en *possessifs conjonctifs* et en *possessifs relatifs.*

Pronoms possessifs conjonctifs.

SINGULIER.	PLURIEL.
Mi, mon, ma.	*Mis*, mes.
Tu, ton, ta.	*Tus*, tes.

Su, son, sa, leur.   *Sus,* ses, leurs.
Nuestro—a, notre.   *Nuestros—as,* nos.
Vuestro—a, votre.   *Vuestros—as,* vos.

Ces pronoms s'appellent *possessifs conjonctifs,* parce qu'ils sont toujours joints à un nom; ex. : *mi abuelo,* mon aïeul; *tu sobrino,* ton neveu; *sus hijas,* ses filles; *nuestra hacienda,* nos biens.

Pronoms possessifs relatifs.

SINGULIER MASCULIN.	SINGULIER FÉMININ.
El mio, le mien, mon, à moi.	*La mia,* la mienne, ma, mon, à moi.
Del mio, du mien, etc.	*De la mia,* de la mienne, etc.
Al mio, au mien, etc.	*Á la mia,* à la mienne, etc.
El tuyo, le tien, ton, à toi.	*La tuya,* la tienne, ta, ton, à toi.
El suyo, le sien, son, à lui, le leur.	*La suya,* la sienne, son, à elle, la leur.
El nuestro, le nôtre, à nous.	*La nuestra,* la nôtre, à nous.
El vuestro, le vôtre, à vous.	*La vuestra,* la vôtre, à vous.

Lo mio, ce qui est à moi.
Lo tuyo, ce qui est à toi.
Lo suyo, ce qui est à lui *ou* à elle.
Lo nuestro, ce qui est à nous.
Lo vuestro, ce qui est à vous.
Lo suyo, ce qui est à eux *ou* à elles.

Le pluriel de ces pronoms se forme en ajoutant un *s.*

On les appelle *possessifs relatifs,* parce qu'ils se rapportent à un nom énoncé auparavant; ex. : *mi libro y el suyo,* mon livre et le sien; *sus primas y las mias,* ses cousines et les miennes.

Remarques.

1° *Vuestro—a, el vuestro, la vuestra,* ne s'emploient que dans le style élevé, et lorsqu'on s'adresse à Dieu, à la Vierge, aux Saints ou aux grands; ex. : *Señor, imploro vuestro amparo*, Seigneur, j'implore votre secours. Dans tous les autres cas, *votre*, *vos*, se traduisent par *su*, *sus*, ou *de vd.*, *de vds.*; ex. : c'est votre ouvrage, *es su obra*, ou *es la obra de vd.*; ce sont vos affaires, *son sus asuntos*, ou *son los asuntos de vd.*, et de *vds.*, si l'on parle à plusieurs.

2° Lorsqu'on se sert en français des pronoms personnels *à moi, à toi, à lui, à elle, à nous, à vous, à eux, à elles*, pour exprimer la possession, on les traduit en espagnol par les pronoms possessifs relatifs *mio, tuyo, suyo, nuestro*, etc., qui s'accordent en genre et en nombre avec la chose possédée; ex. : *este coche es mio*, cette voiture est à moi, ou est mienne; *estas quintas son suyas*, ces maisons de campagne sont à lui, ou les siennes, etc. Mais on dira : *esta casa es de mi padre* (et non *á mi padre*), cette maison est à mon père; *este sombrero es del señor Alonso* (et non *al señor*), ce chapeau est à monsieur Alonzo.

3° *Un de mes, de tes, de ses*, etc., se rendent par *mio, tuyo, suyo*, etc., qu'on place après le substantif auquel ils se rapportent, avec lequel ils s'accordent en genre et en nombre; ex. : un de mes cousins (ou un cousin mien), *un primo mio*; une de mes tantes, *una tia mia*, etc. On dira également : *uno de mis primos, una de mis tias*, etc.

Son se traduit par *su*, et *ses* et *leurs* par *sus*, pour les deux genres.

DES PRONOMS DÉMONSTRATIFS

Ils sont au nombre de trois en espagnol :

SINGULIER.

Masculin.	Féminin.	Neutre.
Este (1), ce, celui-ci.	*Esta*, cette, celle-ci.	*Esto*, ce, ceci.
Ese, ce, celui-là.	*Esa*, cette, celle-là.	*Eso*, ce, cela.
Aquel, ce, celui-là.	*Aquella*, cette, celle-là.	*Aquello*, ce, cela.

(1) De *este* on forme *estotro—a*, *estotros—as*, cet autre,

Masculin.	Féminin.
Estos, ces, ceux-ci.	*Estas,* ces, celles-ci.
Esos, ces, ceux-là.	*Esas,* ces, celles-là.
Aquellos, ces, ceux-là.	*Aquellas,* ces, celles-là.

On dit aussi : *aquel otro, aquella otra,* etc., cet autre-là, cette autre-là, etc.

Este—a, indique la personne ou la chose qui est près de celui qui parle; *ese—a,* celle qui est plus près de celui à qui l'on parle ; *aquel, aquella,* celle qui est également éloignée de tous deux.

Celui qui, celle qui, se traduisent par *quien,* ou *el que, la que; ceux qui, celles qui,* par *los que, las que ;* et *ce qui, ce que,* par *lo que, lo cual.*

Les adjectifs *tal,* tel, *semejante,* pareil, et *tanto,* tant, s'emploient comme de vrais pronoms démonstratifs dans les phrases suivantes : *no haré tal,* ou *semejante cosa,* je ne ferai pas cela, je ne ferai pas pareille chose (c'est-à-dire la chose dont il a été question); *no lo decia por tanto,* je ne le disais pas pour cela.

DES PRONOMS RELATIFS

On en compte en espagnol quatre, et cinq en français.

ESPAGNOL.	FRANÇAIS.
Que, quien, cual, cuyo,	qui, que, quoi, quel, dont.
Que,	qui, que, quoi, quel, quelle, quels, quelles.
Quien, quienes,	qui, que, lequel, laquelle, lesquels, lesquelles, celui qui, celle qui, ceux qui, celles qui.

cette autre, ces autres; et de *ese, esotro—a, esotros—as,* cet autre-là, cette autre-là, ces autres-là. On peut faire aussi précéder *esté, ese,* des lettres *aqu,* et dire *aqueste, aquese,* celui-ci, celui-là.

El cual, la cual, los cuales, las cuales, lo cual, lequel, laquelle, lesquels, lesquelles, ce qui.

Cual, cuales, quel, quelle, quelles, tel que, telle que, tels que, telles que.

Cuyo—a, cuyos—as, dont, de qui, à qui, duquel, de laquelle, desquels, desquelles.

De ces divers pronoms, *que* et *cual* sont les seuls qui admettent l'article.

Qui, qui, etc., est non-seulement de tout nombre, mais encore de tout genre ; il se dit des personnes et des choses ; ex. : *es hombre que sabe mucho,* c'est un homme qui sait beaucoup.

Quien, quienes, sont de tout genre, et ne se disent que des personnes ; ex. : *él es á quien vd. debe la vida,* c'est celui à qui vous devez la vie.

Cual, cuales, sont de tout genre, et se disent des personnes et des choses ; on les emploie le plus souvent avec l'article ; ex. : *despacharon un correo, el cual nos aseguró la paz,* on expédia un courrier, lequel nous assura la paix ; *es dificil determinar cual de los dos ha hablado mejor,* il est difficile de décider lequel des deux a parlé le mieux.

Cual, cuales, signifient aussi *tel que, telle que,* etc. ; ex. : *es una mujer cual la podia desear,* c'est une femme telle que je pouvais la désirer ; *cual furioso leon,* tel qu'un lion furieux.

Cuyo—a, cuyos—as, dont, de qui, etc., s'accordent toujours avec la chose possédée, et jamais avec le possesseur ; ex. : *aquel cuyo sea el caballo, lo cuide,* que celui à qui est le cheval en ait soin. Lorsque le substantif suit immédiatement *cuyo—a,* on supprime l'article ; ex. : *el autor cuya obra acaba de salir á luz* (et non *cuya la obra*), l'auteur dont l'ouvrage vient de paraître.

Que, cual, quien, cuyo, sont aussi pronoms interrogatifs ; ex. : ¿ *qué dices ?* que dis-tu ? *en qué se ocupa vd. ?* à quoi vous occupez-vous ? ¿ *quién es aquel?* quel est celui-là ? ¿ *cuál es su opinion?* quelle est son opinion ? ¿*cúyo es este perro?* à qui est ce chien ? ¿*cúyas son estas tijeras?* à qui sont ces ciseaux ? ¿ *á quién escribes esa carta ?* à qui écris-tu cette lettre ? On peut dire également : *¿ de quién es este perro ? ¿ de quién son estas tijeras?*

Que, cual, quien, ne sont plus relatifs dans le sens admiratif, singulier, interrogatif, ou lorsqu'il y a distribution ou disjonction; ex. : l'un dit oui, l'autre dit non, *cual dice que sí, cual dice que no;* que la solitude est bonne ! ¡ *que dulce es la soledad!* tous se révoltent; qui saisit une épée, qui un fusil; *todos se insurreccionan, quien coge una espada, quien coge un fusil;* qu'il pleuve, qu'il tonne, qu'il neige, qu'il grêle, *que llueva, que truene, que nieve, que escarche.*

Quel, interrogatif, et suivi immédiatement d'un substantif auquel il se rapporte, se rend toujours par *que;* ex. : quel état exercez-vous ? *¿ qué profesion ejerce vd.?* Mais si le nom substantif est séparé de *quel* par le verbe *être,* on traduit *quel* par *cuál — es,* lorsqu'il a rapport aux choses, et par *quién — es,* lorsqu'il se rapporte aux personnes; ex. : quel est le mérite de cet homme? *¿ cuál es el mérito de aquel hombre?* quelles sont ses connaissances? *¿ cuáles son sus conocimientos?* quels sont ces hommes ? *¿ quiénes son aquellos hombres?* (et non *cuáles*); quelle est cette femme? *¿ quién es esa mujer* (et non *cuál*) ?

Dont, suivi d'un nom précédé de *le, la, les,* se rend toujours par *cuyo—a, cuyos—as;* ex. : Dieu dont nous admirons les ouvrages, *Dios cuyas obras admiramos.* Dans tous les autres cas, il se rend par *de quien,* s'il s'agit de personnes; et par *de que* invariable, ou *del cual,* d'après le genre, s'il s'agit des choses; ex. : l'ami dont vous me parlez, *el amigo de quien vm. me habla;* l'affaire dont il s'entretient avec moi, *el asunto de que él trata conmigo,* ou *del cual él trata conmigo.*

Lorsque la conjonction *que,* précédée d'un nom ou pronom auquel elle a rapport, peut se tourner par *de qui, à qui,* etc., on la rend par *de quien, á quien,* etc.; ex. : c'est à Pierre que (ou à qui) vous devez vous adresser, *á Pedro es á quien vm. ha de dirigirse;* c'est de soi-même qu'on (ou de qui on) doit se défier, *de sí mismo es de quien uno debe desconfiar.*

L'adverbe *où,* lorsqu'il se rapporte aux choses et qu'on peut le tourner par *auquel, à laquelle, dans lequel, dans*

laquelle, etc., se rend par *à que*, *en que*; ex. : voici le but
où (*c'est-à-dire* auquel) il tend, *hé aqui el fin à que aspira*;
il y a des circonstances où (*c'est-à-dire* dans lesquelles, il
faut agir avec prudence, *hay circunstancias en que es preciso obrar prudentemente*.

DES PRONOMS INDÉTERMINÉS

Alguno—a, algunos—as, quelqu'un, quelqu'une, quelques-uns, quelques-unes, quelques.
Alguien, quelqu'un.
Ninguno—a, aucun, aucune, nul, nulle.
Nadie ou *ninguno*, personne, nul.
Cualquier, cualquiera, plur. *cualesquier, cualesquiera*, quiconque, quelconque.
Quienquier, quienquiera, plur. *quienesquier, quienesquiera*, quiconque.
Uno—a, un, une ; *los unos, las unas*, les uns, les unes ;
unos—as, quelques.
Uno—a y otro—a, unos—as y otros—as, l'un et l'autre,
l'une et l'autre, les uns et les autres, les unes et les autres.
Ni uno ni otro, ni una ni otra, etc., ni l'un ni l'autre, ni
l'une ni l'autre, etc.
Ni uno, ni una, pas un, pas une.
Otro—a, otros—as, autre, autres. *Los otros, las otras*, les
autres.
De otro, de otros, d'autrui. *À otro, à otros*, à autrui.
Mismo—a, mismos—as, même, mêmes. *El mismo*, le
même, etc.
Cada, chaque. *Cada uno, cada una*, chacun, chacune.
Mucho—a, muchos—as, beaucoup, beaucoup de, plusieurs.
Poco—a, pocos—as, peu, peu de, un petit nombre de.
Todo—a, todos—as, tout, toute, tous, toutes.
Tal, tales, tel, telle, tels, telles.

Remarques.

Alguien, quelqu'un, est de tout genre et de tout nombre;

il ne se dit que des personnes, et ne s'emploie que dans des propositions affirmatives ; ex. : *¿ entra alguien ?* entre-t-il quelqu'un ?

Ninguno — a, aucun, etc., pris dans le sens de *personne,* est substantif, et ne s'emploie qu'au singulier masculin ; ex. : *ninguno debe presumir de sus propias fuerzas,* personne ne doit présumer de ses propres forces.

Cualquiera, pour le singulier, quelconque, pluriel, *cualesquiera,* est de tout genre ; ex. : *cualquiera cosa,* une chose quelconque; *cualesquiera libros,* des livres quelconques. *Cualquiera,* tant au pluriel qu'au singulier, peut perdre l'*a* à volonté devant un substantif ; ex. : *cualquier libro,* un livre quelconque; *cualquier mujer,* une femme quelconque.

Quienquiera, quiconque, est invariable, et ne se dit que des personnes ; ex. : *quienquiera que lo diga, se equivoca,* quiconque le dit se trompe.

Uno — a, un, une, *otro — a,* autre, etc., s'emploient souvent avec l'article ; ex. : *el uno decia que sí, y el otro que no,* l'un disait oui, l'autre disait non.

Cada, chaque, est de tout genre, et n'a point de pluriel, mais il peut en accompagner un : *cada hombre,* chaque homme, *cada semana,* chaque semaine ; *cada cinco dias vendré á visitar á vm.,* je viendrai vous voir tous les cinq jours.

Tal, tel, etc., est de tout genre ; ex. : *tal vida, tal muerte;* telle vie, telle mort.

Personne, n'étant point suivi d'une négation et équivalant à *quelqu'un,* se rend par *alguno* ou *otro,* qui dans ce sens sont toujours invariables; ex. : connaissez-vous personne qui soit plus vertueux que lui ? *¿conoce vm. alguno ou otro que sea mas virtuoso que él?* — Suivi d'une négation, *personne* se rend par *nadie* ou *ninguno,* et la négation ne s'exprime pas ; ex. : personne ne l'a vu, *ninguno* ou *nadie le ha visto.*

Personne, aucun, nul, pas un, ni l'un ni l'autre, rien, *nadie, ninguno, ni uno ni otro, nada,* placés devant un verbe ne prennent point la négation ; mais ils l'admettent lorsque le verbe les précède ; ex. : il ne peut l'égaler en rien, *en nada puede igualarle,* où *no puede igualarle en nada.*

Personne et *aucun,* dans un sens interrogatif ou exprimant le doute, se rendent en espagnol par *uno* où *alguno;* ex. : de tous ceux qui traitent avec moi, y en a-t-il aucun qui ait à se plaindre? *De todos los que tratan conmigo, ¿hay acaso uno,* où *alguno que tenga motivo de quejarse?*

Qui que ce soit, suivi d'une négation, se rend par *ninguno,* ou *nadie;* ex. : qui que ce soit (*ou* personne) n'est venu chez moi, *ninguno* ou *nadie ha venido à casa.*

Quoi que ce soit, précédé d'un verbe avec négation, se rend par *nada;* ex. : il ne peut réussir en quoi que ce soit (*ou* en rien), *en nada puede acertar,* ou *no puede acertar en nada.*

Quel que, quelle que, quels que, quelles que, quelque — que, suivis d'un substantif auquel ils se rapportent, se rendent par *por mucho—que,* qui s'accorde en genre et en nombre avec le substantif; ex. : quelque mérite que vous ayez, *por mucho mérito que vm. tenga;* quel que soit son talent, *por mucho que sea su talento;* quelles que soient ses protections, *por muchas que sean sus protecciones,* etc., et bien mieux par *cualquiera,* en faisant suivre le substantif de la conjonction *que;* ex. : *cualquiera mérito que tenga, cualquiera que sea su talento, cualesquiera que sean sus protecciones.*

Quoi que, quelque chose que, se rendent par *cualquiera cosa que,* ou *por mas que;* ex. : quoi qu'il dise, *cualquiera cosa que él diga;* quelque chose qu'il fasse, *cualquiera cosa que él haga;* ou *por mas que él diga, por mas que él haga,* etc. Mais *quelque,* suivi d'un adjectif, se rend par *por mas;* ex. : quelque savant qu'il soit, il ne peut tout savoir, *por mas docto que sea, no puede saberlo todo.*

D'autrui, gouverné par un substantif, se rend par *ajeno—a, ajenos—as;* ex. : le bien d'autrui, *la hacienda ajena,* et non *de otros.*

Beaucoup, beaucoup de, s'exprime par *mucho—a, muchos—as;* ex. : il a beaucoup de pouvoir et beaucoup d'ennemis, *tiene mucho poder y muchos enemigos;* a-t-il des enfants? Oui, il en a beaucoup, *¿ tiene hijos? si, tiene mu-chos.*

Peu, peu de, un petit nombre de, se rendent par *poco—a, pocos—as;* ex. : il y a beaucoup d'appelés et peu d'élus, *muchos son los llamados y pocos los escogidos.*

Un tel, une telle, s'exprime par *fulano—a;* ex. : un tel est venu me voir, *fulano vino á visitarme. — Un tel et un tel, une telle et une telle,* se rendent par *fulano—a y zu-tano—a ;* ex. : un tel et une telle vous ont demandé, *fulano y zutana han preguntado por vm.*

Tout, placé devant un substantif suivi de *que,* s'exprime par *aunque;* ex. : tout votre ami qu'il est, *aunque sea su amigo de vm. ;* mot à mot, quoiqu'il soit votre ami. On peut le traduire encore par la préposition *con,* le verbe à l'infi-nitif, et son sujet placé après; ex. : *con ser su amigo de vm.,* c'est-à-dire, malgré la circonstance d'être votre ami.

Tout le monde se traduit par *todos,* lorsqu'il est pris dans l'acception suivante : tout le monde en parle comme d'une chose certaine, *todos hablan de ello como si fuera cierto.*

Le pronom *on* s'exprime quelquefois par *se,* et le verbe se met à la troisième personne du singulier; ex. : on croit, on assure, *se cree, se asegura;* on promit une récompense, *se prometió una recompensa ;* on sut, *súpose,* ou *se supo ;* on dit mille mensonges dans les gazettes, *en las gacetas se dicen mil mentiras.* — Souvent aussi il ne s'exprime pas, et alors on met le verbe à la troisième personne du plu-riel; ex. : on raconte que... *cuentan que... ;* on dit, *dicen ;* on assure, *aseguran ;* on le conduisit... *lleváronle á.* — Il est cependant bien des cas où *on* se rend par *uno ;* ex. : on croit aisément ce qu'on désire, *cree uno fácilmente aquello que desea,* et d'autres où on le supprime en mettant le verbe à la première personne du pluriel, si ce que le verbe affirme peut s'appliquer à tout le monde; ex. : on frémit devant la mort, *nos estremecemos á la vista de la muerte.*

Des conjugaisons.

Tous les infinitifs des verbes espagnols se terminent en *ar*, *er* et *ir*. Les autres lettres qui composent le mot sont appelées *radicales*; ex.: *am-ar*, aimer, *tem-er*, craindre, *part-ir*, partager, dont les lettres radicales sont *am*, *tem*, *part*, etc. Les verbes terminés en *ar* forment la première conjugaison, ceux en *er* la seconde, et ceux en *ir* la troisième.

Il y a dans ces trois conjugaisons un nombre de verbes irréguliers dont on fera connaître les irrégularités, après avoir parlé des verbes auxiliaires et des verbes réguliers.

VERBES AUXILIAIRES

CONJUGAISON DU VERBE AUXILIAIRE *HABER*, AVOIR.

Infinitif.

PRÉSENT.

Haber,　　　　　　　avoir.

PRÉTÉRIT.

Haber habido,　　　　avoir eu.

GÉRONDIF.

Habiendo,　　　　　ayant.

PARTICIPE PASSÉ.

Habido,　　　　　eu.

Indicatif.

PRÉSENT.

Yo he (1),　　　　j'ai.

---

(1) On supprime en espagnol les pronoms personnels de-

Tú has,	tu as.
Él ou ella ha,	il *ou* elle a.
Nosotros—as hemos,	nous avons.
Vosotros—as habeis,	vous avez.
Ellos—as han,	ils *ou* elles ont.

IMPARFAIT.

Yo habia,	j'avais.
Tú habias,	tu avais.
Él habia,	il avait.
Nos. habiamos,	nous avions.
Vos. habiais,	vous aviez.
Ellos habian,	ils avaient.

PRÉTÉRIT DÉFINI.

Yo hube,	j'eus.
Tú hubiste,	tu eus.
Él hubo,	il eut.
Nos. hubimos,	nous eûmes.
Vos. hubisteis,	vous eûtes.
Ellos hubieron,	ils eurent.

PRÉTÉRIT INDÉFINI.

Yo he habido,	j'ai eu.
Tú has habido,	tu as eu.
Él ha habido,	il a eu.
Nos. hemos habido,	nous avons eu.
Vos. habeis habido,	vous avez eu.
Ellos han habido,	ils ont eu.

PRÉTÉRIT ANTÉRIEUR.

Yo hube habido,	j'eus eu.
Tú hubiste habido,	tu eus eu.
Él hubo habido,	il eut eu.
Nos. hubimos habido,	nous eûmes eu.
Vos. hubisteis habido,	vous eûtes eu.
Ellos hubieron habido,	ils eurent eu.

vant les verbes, et on dit : he, has, *ha*, etc., excepté lorsqu'il y en a deux en français ou que la phrase serait louche.

PLUS-QUE-PARFAIT.

Yo habia habido,	j'avais eu.
Tú habias habido,	tu avais eu.
Él habia habido,	il avait eu.
Nos. habíamos habido,	nous avions eu.
Vos. habiais habido,	vous aviez eu.
Ellos habian habido,	ils avaient eu.

FUTUR.

Yo habré,	j'aurai.
Tú habrás,	tu auras.
Él habrá,	il aura.
Nos. habremos,	nous aurons.
Vos. habréis,	vous aurez.
Ellos habrán,	ils auront.

FUTUR COMPOSÉ.

Yo habré habido,	j'aurai eu.
Tú habrás habido,	tu auras eu.
Él habrá habido,	il aura eu.
Nos. habremos habido,	nous aurons eu.
Vos. habréis habido,	vous aurez eu.
Ellos habrán habido,	ils auront eu.

IMPÉRATIF.

Ce verbe n'en a point comme auxiliaire.

Subjonctif.

PRÉSENT.

Yo haya,	que j'aie.
Tú hayas,	tu aies.
Él haya,	il ait.
Nos. hayamos,	nous ayons.
Vos. hayais,	vous ayez.
Ellos hayan,	ils aient.

IMPARFAIT.

Yo hubiera, habria, hubiese, j'aurais, j'eusse.

Tú hubieras, habrias, hubieses,	tu aurais, tu eusses.
Él hubiera, habria, hubiese,	il aurait, il eût.
Nos. hubiéramos, habria- mos, hubiésemos,	nous aurions, nous eussions.
Vos. hubierais, habriais, hubieseis,	vous auriez, vous eussiez.
Ellos hubieran, habrian, hubiesen,	ils auraient, ils eussent.

PRÉTÉRIT.

Yo haya habido,	que j'aie eu.
Tú hayas habido,	tu aies eu.
Él haya habido,	il ait eu.
Nos. hayamos habido,	nous ayons eu.
Vos. hayais habido,	vous ayez eu.
Ellos hayan habido,	ils aient eu.

PLUS-QUE-PARFAIT.

Yo hubiera, habria, hubiese habido,	j'aurais eu, j'eusse eu.
Tú hubieras, habrias, hubieses habido,	tu aurais eu, tu eusses eu.
El hubiera, habria, hubiese habido.	il aurait eu, il eût eu.
Nos. hubiéramos, habria- mos, hubiésemos habido.	nous aurions eu, nous eussions eu.
Vos. hubierais, habriais, hubieseis habido.	vous auriez eu, vous eussiez eu.
Ellos hubieran, habrian, hubiesen habido.	ils auraient eu, ils eussent eu.

FUTUR.

Yo hubiere,	j'aurai.
Tú hubieres,	tu auras.
Él hubiere,	il aura.
Nos. hubiéremos,	nous aurons.
Vos. hubiereis,	vous aurez.
Ellos hubieren,	ils auront.

FUTUR COMPOSÉ.

Yo hubiere habido,	j'aurai eu.
Tú hubieres habido,	tu auras eu.
Él hubiere habido,	il aura eu.
Nos. hubiéremos habido,	nous aurons eu.
Vos. hubiereis habido,	vous aurez eu.
Ellos hubieren habido,	ils auront eu.

CONJUGAISON DU VERBE AUXILIAIRE *TENER*, AVOIR ou POSSÉDER.

Infinitif.

PRÉSENT.

Tener,	avoir.

PRÉTÉRIT.

Haber tenido,	avoir eu.

GÉRONDIF.

Teniendo,	ayant.

PARTICIPE PASSÉ.

Tenido,	eu.

Indicatif.

PRÉSENT.

Yo tengo,	j'ai.
Tú tienes,	tu as.
Él tiene,	il a.
Nos. tenemos,	nous avons.
Vos. teneis,	vous avez.
Ellos tienen,	ils ont.

IMPARFAIT.

Yo tenia,	j'avais.
Tú tenias,	tu avais.
Él tenia,	il avait.
Nos. teníamos,	nous avions.
Vos. teniais,	vous aviez.
Ellos tenian,	ils avaient

PRÉTÉRIT DÉFINI.

Yo tuve,	j'eus.
Tú tuviste,	tu eus.
Él tuvo,	il eut.
Nos. tuvimos,	nous eûmes.
Vos. tuvisteis,	vous eûtes.
Ellos tuvieron,	ils eurent.

PRÉTÉRIT INDÉFINI.

Yo he tenido,	j'ai eu.
Tú has tenido,	tu as eu.
Él ha tenido,	il a eu.
Nos. hemos tenido,	nous avons eu.
Vos. habeis tenido,	vous avez eu.
Ellos han tenido,	ils ont eu.

PRÉTÉRIT ANTÉRIEUR.

Yo hube tenido,	j'eus eu.
Tú hubiste tenido,	tu eus eu.
Él hubo tenido,	il eut eu.
Nos. hubimos tenido,	nous eûmes eu.
Vos. hubisteis tenido,	vous eûtes eu.
Ellos hubieron tenido,	ils eurent eu.

PLUS-QUE-PARFAIT.

Yo habia tenido,	j'avais eu.
Tú habias tenido,	tu avais eu.
Él habia tenido,	il avait eu.
Nos. habiamos tenido,	nous avions eu.
Vos. habiais tenido,	vous aviez eu.
Ellos habian tenido,	ils avaient eu.

FUTUR.

Yo tendré,	j'aurai.
Tú tendrás,	tu auras.
Él tendrá,	il aura.
Nos. tendremos,	nous aurons.
Vos. tendréis,	vous aurez.
Ellos tendrán,	ils auront.

FUTUR COMPOSÉ.

Yo habré tenido,	j'aurai eu.
Tú habrás tenido,	tu auras eu.
Él habrá tenido,	il aura eu.
Nos. habremos tenido,	nous aurons eu.
Vos. habréis tenido,	vous aurez eu.
Ellos habrán tenido,	ils auront eu.

Impératif.

PRÉSENT.

Ten tú,	aie.
Tenga él,	qu'il ait.
Tengamos,	ayons.
Tened vosotros,	ayez.
Tengan ellos,	qu'ils aient.

Subjonctif.

PRÉSENT.

Yo tenga,	que j'aie.
Tú tengas,	tu aies.
Él tenga,	il ait.
Nos. tengamos,	nous ayons.
Vos. tengais,	vous ayez.
Ellos tengan,	ils aient.

IMPARFAIT.

Yo tuviera, tendria, tuviese, j'aurais, j'eusse.

Tú tuvieras, tendrias, tuvieses,	tu aurais, tu eusses.
Él tuviera, tendría, tuviese,	il aurait, il eût.
Nos. tuviéramos, tendríamos, tuviésemos,	nous aurions, nous eussions.
Vos. tuvierais, tendriais, tuvieseis,	vous auriez, vous eussiez.
Ellos tuvieran, tendrian, tuviesen,	ils auraient, ils eussent.

PRÉTÉRIT.

Yo haya tenido,	que j'aie eu.
Tú hayas tenido,	tu aies eu.
Él haya tenido,	il ait eu.
Nos. hayamos tenido,	nous ayons eu.
Vos. hayais tenido,	vous ayez eu.
Ellos hayan tenido,	ils aient eu.

PLUS-QUE-PARFAIT.

Yo hubiera, habria, hubiese tenido,	j'aurais eu, j'eusse eu.
Tú hubieras, habrias, hubieses tenido,	tu aurais eu, tu eusses eu.
Él hubiera, habria, hubiese tenido,	il aurait eu, il eût eu.
Nos. hubiéramos, habríamos, hubiésemos tenido.	nous aurions eu, nous eussions eu.
Vos. hubierais, habriais, hubieseis tenido,	vous auriez eu, vous eussiez eu.
Ellos hubieran, habrian, hubiesen tenido,	ils auraient eu, ils eussent eu.

FUTUR.

Yo tuviere,	j'aurai.
Tú tuvieres,	tu auras.
Él tuviere,	il aura.
Nos. tuviéremos,	nous aurons.
Vos. tuviereis,	vous aurez.
Ellos tuvieren,	ils auront.

FUTUR COMPOSÉ.

Yo hubiere tenido,	j'aurai eu.
Tú hubieres tenido,	tu auras eu.
Él hubiere tenido,	il aura eu.
Nos. hubiéremos tenido,	nous aurons eu.
Vos. hubiereis tenido,	vous aurez eu.
Ellos hubieren tenido,	ils auront eu.

Haber, signifiant *tenir* ou *posséder*, cesse d'être auxiliaire, et alors il a un impératif qui se forme de la manière suivante : *haya él*, qu'il ait ; *habed vosotros*, ayez ; *hayan ellos*, qu'ils aient.

Le verbe *haber*, signifiant *exister*, devient impersonnel ; ex. : *il y a, il y avait, il y eut, il y aura*, etc. *hay, habia, hubo, habrá,* etc., et ainsi de suite pour les autres temps, en mettant toujours le verbe à la troisième personne du singulier, quand même il serait suivi d'un substantif au pluriel ; ex. : il y a des hommes, *hay hombres;* il y avait une fête : *habia una fiesta*, etc.

Avoir, lorsqu'il est auxiliaire, s'exprime toujours par *haber*, et par *tener*, lorsqu'il est employé comme verbe actif, ou qu'il dénote la possession.

Avoir à, suivi d'un verbe à l'infinitif, se rend par *tener que*; ex.: j'ai à lui parler,*tengo que hablar con él;* j'ai bien des choses à lui dire, *tengo muchas cosas que decirle.*

CONJUGAISON DU VERBE AUXILIAIRE *SER*, ÊTRE.

Infinitif.

PRÉSENT.

Ser,	être.

PRÉTÉRIT.

Haber sido,	avoir été.

GÉRONDIF.

Siendo, étant.

PARTICIPE PASSÉ.

Sido, été.

Indicatif.

PRÉSENT.

Yo soy,	je suis.
Tú eres,	tu es.
Él es,	il est.
Nos. somos,	nous sommes.
Vos. sois,	vous êtes.
Ellos son,	ils sont.

IMPARFAIT.

Yo era,	j'étais.
Tú eras,	tu étais.
Él era,	il était.
Nos. éramos,	nous étions.
Vos. erais,	vous étiez.
Ellos eran,	ils étaient.

PRÉTÉRIT DÉFINI.

Yo fui,	je fus.
Tú fuiste,	tu fus.
El fué,	il fut.
Nos. fuimos,	nous fûmes.
Vos. fuisteis,	vous fûtes.
Ellos fueron,	ils furent.

PRÉTÉRIT INDÉFINI.

Yo he sido,	j'ai été, etc. (1).

___

(1) Pour former les autres personnes des temps composés, on n'aura qu'à conjuguer le verbe *haber* avec le participe *sido*.

PRÉTÉRIT ANTÉRIEUR.

Yo hube sido,	j'eus été, etc.

PLUS-QUE-PARFAIT.

Yo habia sido,	j'avais été, etc.

FUTUR.

Yo seré,	je serai.
Tú serás,	tu seras.
Él será,	il sera.
Nos. seremos,	nous serons.
Vos. seréis,	vous serez.
Ellos serán,	ils seront.

FUTUR COMPOSÉ.

Yo habré sido,	j'aurai été, etc.

Impératif.

PRÉSENT ou FUTUR.

Sé tú,	sois.
Sea él,	qu'il soit.
Seamos,	soyons.
Sed vosotros,	soyez.
Sean ellos,	qu'ils soient.

Subjonctif.

PRÉSENT.

Yo sea,	que je sois.
Tú seas,	tu sois.
Él sea,	il soit.
Nos. seamos,	nous soyons.
Vos. seais,	vous soyez.
Ellos sean,	ils soient.

IMPARFAIT.

Yo fuera, seria, fuese,	je serais, je fusse.
Tú fueras, serias, fueses,	tu serais, tu fusses.

Él fuera, seria, fuese,   il serait, il fût.
Nos. fuéramos, seríamos,   nous serions, nous fussions.
   fuésemos,
Vos. fuerais, seriais, fueseis,   vous seriez, vous fussiez.
Ellos fueran, serian, fuesen,   ils seraient, ils fussent.

PRÉTÉRIT.

Yo haya sido,   que j'aie été, etc.

PLUS-QUE-PARFAIT.

Yo hubiera, habria, hubiese   j'aurais, j'eusse été, etc.
   sido,

FUTUR.

Yo fuere,   je serai.
Tú fueres,   tu seras.
Él fuere,   il sera.
Nos. fuéremos,   nous serons.
Vos. fuereis,   vous serez.
Ellos fueren,   ils seront.

FUTUR COMPOSÉ.

Yo hubiere sido,   j'aurai été, etc.

CONJUGAISON DU VERBE AUXILIAIRE *ESTAR*, ÊTRE.

Infinitif.

PRÉSENT.

Estar,   être.

PRÉTÉRIT.

Haber estado,   avoir été.

GÉRONDIF.

Estando,   étant.

Estado,   été.

Indicatif.

PRÉSENT.

Yo estoy,	je suis.
Tú estás,	tu es.
Él está,	il est.
Nos. estamos,	nous sommes.
Vos. estais,	vous êtes.
Ellos están,	ils sont.

IMPARFAIT.

Yo estaba,	j'étais.
Tú estabas,	tu étais.
Él estaba,	il était.
Nos. estábamos,	nous étions.
Vos. estabais,	vous étiez.
Ellos estaban,	ils étaient.

PRÉTÉRIT DÉFINI.

Yo estuve,	je fus.
Tú estuviste,	tu fus.
Él estuvo,	il fut.
Nos. estuvimos,	nous fûmes.
Vos. estuvisteis,	vous fûtes.
Ellos estuvieron,	ils furent.

PRÉTÉRIT INDÉFINI.

Yo he estado,	j'ai été, etc.

PRÉTÉRIT ANTÉRIEUR.

Yo hube estado,	j'eus été, etc.

PLUS-QUE-PARFAIT.

Yo habia estado,	j'avais été, etc.

FUTUR.

Yo estaré,	je serai.

Tú estarás,	tu seras.
Él estará,	il sera.
Nos. estaremos,	nous serons.
Vos. estaréis,	vous serez.
Ellos estarán,	ils seront.

FUTUR COMPOSÉ.

Yo habré estado,	j'aurai été, etc.

Impératif.

PRÉSENT *ou* FUTUR.

Esta tú,	sois.
Esté él,	qu'il soit.
Estemos,	soyons.
Estad vosotros,	soyez.
Estén ellos,	qu'ils soient.

Subjonctif.

PRÉSENT.

Yo esté,	que je sois.
Tú estés,	tu sois.
Él esté,	il soit.
Nos. estemos,	nous soyons.
Vos. estéis,	vous soyez.
Ellos estén,	ils soient.

IMPARFAIT.

Yo estuviera, estaria, estuviese,	je serais, je fusse.
Tú estuvieras, estarias, estuvieses,	tu serais, tu fusses.
Él estuviera, estaria, estuviese,	il serait, il fût.
Nos. estuviéramos, estariamos, estuviésemos,	nous serions, nous fussions.
Vos. estuvierais, estariais, estuvieseis,	vous seriez, vous fussiez.

Éllos estuvieran, estarian, ils seraient, ils fussent.
estuviesen,

PRÉTÉRIT.

Yo haya estado,   que j'aie été, etc.

PLUS-QUE-PARFAIT.

Yo hubiera, habria, hubiese   j'aurais, j'eusse été, etc.
estado,

FUTUR.

Yo estuviere,	je serai.
Tú estuvieres,	tu seras.
Él estuviere,	il sera.
Nos. estuviéremos,	nous serons.
Vos. estuviereis,	vous serez.
Ellos estuvieren,	ils seront.

FUTUR COMPOSÉ.

Yo hubiere estado,   j'aurai été, etc.

Quoique *ser* et *estar* signifient *être,* on ne peut pas les employer indifféremment l'un pour l'autre ; et c'est là une des plus grandes difficultés que la langue espagnole offre aux étrangers.

1° On doit se servir du verbe *ser,* lorsqu'il s'agit de qualités essentielles au sujet : ex., *ser hombre,* être homme ; *ser mortal,* être mortel ; — de celles relatives à l'esprit ou au cœur : ex., *ser bueno,* être bon ; *ser malo,* être méchant ; *ser docto,* être savant ; *ser enamorado,* être facilement enclin à l'amour ; — d'une dignité : ex., *ser general,* être général ; — d'un art : ex., *ser arquitecto, pintor,* être architecte, peintre ; — d'un emploi : ex., *ser juez,* être juge ; — d'une profession : ex., *ser librero,* être libraire ; — des dimensions d'un objet : ex., *ser alto, chico,* etc., être grand, petit, etc.

2° *Ser,* ajouté au participe passé des verbes, forme la voix passive, et le participe s'accorde alors en genre et en nombre avec son sujet : ex., *él era amado,* il était aimé ;

ella fué amada, elle fut aimée ; *ellos han sido amados*, ils ont été aimés, etc.

3° On doit employer *estar* toutes les fois qu'on veut exprimer un état transitoire, par exemple l'état de la santé : ex., *estar bueno*, être bien portant ; *estar malo*, être malade ; — l'existence dans un lieu quelconque : ex., *estar en el paseo, en el café, en el campo*, être à la promenade, au café, à la campagne, etc. — Joint à certains adjectifs, *estar* exprime un état, une manière passagère d'être. Nous avons dit que *être* se traduit par *ser* ou *estar* : il se traduit aussi par *haber* lorsque *être* est auxiliaire dans les verbes neutres ou dans les verbes de mouvement : ex., je suis monté, *he subido ;* je suis resté, *he quedado*.

4° *Estar* n'est employé comme auxiliaire que devant les gérondifs : ex., *estar comiendo*, dîner *ou* être dînant ; *estar hablando*, parler *ou* être parlant, etc.

PREMIÈRE CONJUGAISON EN *AR*.

AM—AR, *aimer*.

Infinitif.

PRÉSENT.

Am—ar, aimer.

PRÉTÉRIT.

Haber am—ado, avoir aimé.

GÉRONDIF.

Am—ando, aimant.

PARTICIPE PASSÉ.

Am—ado, aimé.

Indicatif.

PRÉSENT.

Yo am—o,	j'aime.
Tú am—as,	tu aimes.
Él am—a,	il aime.
Nos. am—amos,	nous aimons.
Vos. am—ais,	vous aimez.
Ellos am—an,	ils aiment.

IMPARFAIT.

Yo am—aba,	j'aimais.
Tú am—abas,	tu aimais.
Él am—aba,	il aimait.
Nos. am—ábamos,	nous aimions.
Vos. am—abais,	vous aimiez.
Ellos am—aban,	ils aimaient.

PRÉTÉRIT DÉFINI.

Yo am—é,	j'aimai.
Tú am—aste,	tu aimas.
Él am—ó,	il aima.
Nos. am—ámos,	nous aimâmes.
Vos. am—asteis,	vous aimâtes.
Ellos am—aron,	ils aimèrent.

PRÉTÉRIT INDÉFINI.

Yo he am—ado,	j'ai aimé, etc.

PRÉTÉRIT ANTÉRIEUR.

Yo hube am—ado,	j'eus aimé, etc.

PLUS-QUE-PARFAIT.

Yo habia am—ado,	j'avais aimé, etc.

FUTUR.

Yo am—aré,	j'aimerai.
Tú am—arás,	tu aimeras.
Él am—ará,	il aimera.

Nos. am—aremos,	nous aimerons.
Vos. am—aréis,	vous aimerez.
Ellos am—arán,	ils aimeront.

FUTUR COMPOSÉ.

Yo habré am—ado,	j'aurai aimé, etc.

Impératif.

PRÉSENT *ou* FUTUR.

Am—a tú,	aime.
Am—e él,	qu'il aime.
Am—emos,	aimons.
Am—ad vosotros,	aimez.
Am—en ellos,	qu'ils aiment (1).

Subjonctif.

PRÉSENT.

Yo am—e,	que j'aime.
Tú am—es,	tu aimes.
Él am—e,	il aime.
Nos. am—emos,	nous aimions.
Vos. am—eis,	vous aimiez.
Ellos am—en,	ils aiment.

IMPARFAIT.

Yo am—ara, am—aria, am—ase,	j'aimerais, j'aimasse.
Tú am—aras, am—arias, am—ases,	tu aimerais, tu aimasses.

---

(1) Les deux troisièmes personnes et la première du pluriel du présent du subjonctif servent toujours pour l'impératif, tant dans l'affirmative que dans la négative; et même lorsque les deux secondes personnes de l'impératif sont négatives, il faut avoir recours au présent du subjonctif : ex., n'aime, n'aimez pas, *no ames, no ameis.*

Él am—ara, am—aria, am—ase,   il aimerait, il aimât.

Nos. am—áramos, am—ariamos, am—ásemos,   nous aimerions, nous ai- massions.

Vos. am—arais, am—ariais, am—aseis,   vous aimeriez, v. aimassiez.

Ellos am—aran, am—arian, am—asen,   ils aimeraient, ils aimassent.

PRÉTÉRIT.

Yo haya am—ado,   que j'aie aimé, etc.

PLUS-QUE-PARFAIT.

Yo hubiera, habria, hubiese am—ado,   j'aurais aimé, j'eusse aimé, etc.

FUTUR.

Yo am—are,   j'aimerai.
Tú am—ares,   tu aimeras.
Él am—are,   il aimera.
Nos. am—áremos,   nous aimerons.
Vos. am—areis,   vous aimerez.
Ellos am—aren,   ils aimeront.

FUTUR COMPOSÉ.

Yo hubiera am—ado,   j'aurai aimé, etc.

IIᵉ CONJUGAISON EN *ER.*

TEM - ER, *craindre.*

Infinitif.

PRÉSENT.

Tem—er,   craindre.

PRÉTÉRIT.

Haber tem—ido,   avoir craint.

GÉRONDIF.

Tem—iendo,   craignant.

PARTICIPE PASSÉ.

Tem—ido,   craint.

Indicatif.

PRÉSENT.

Yo tem—o,   je crains.
Tú tem—es,   tu crains.
Él tem—e,   il craint.
Nos. tem—emos,   nous craignons.
Vos. tem—eis,   vous craignez.
Ellos tem—en,   ils craignent.

IMPARFAIT.

Yo tem—ia,   je craignais.
Tú tem—ias,   tu craignais.
Él tem—ia,   il craignait.
Nos. tem—iamos,   nous craignions.
Vos. tem—iais,   vous craigniez.
Ellos tem—ian,   ils craignaient.

PRÉTÉRIT DÉFINI.

Yo tem—i,   je craignis.
Tú tem—iste,   tu craignis.
Él tem—ió,   il craignit.
Nos. tem—imos,   nous craignîmes.
Vos. tem—isteis,   vous craignîtes.
Ellos tem—ieron,   ils craignirent.

PRÉTÉRIT INDÉFINI.

Yo he tem · ido,   j'ai craint, etc.

GRAMM. ESPAG.   4

Yo hube tem—ido,   j'eus craint, etc.

Yo habia tem—ido,   j'avais craint, etc.

Yo tem—eré,   je craindrai.
Tú tem—erás,   tu craindras.
Él tem—erá,   il craindra.
Nos. tem—eremos,   nous craindrons.
Vos. tem—eréis,   vous craindrez.
Ellos tem—erán,   ils craindront.

Yo habré tem—ido,   j'aurai craint, etc.

Impératif.

Tem—e tú,   crains.
Tem—a él,   qu'il craigne.
Tem—amos,   craignons.
Tem—ed vosotros,   craignez.
Tem—an ellos,   qu'ils craignent.

Subjonctif.

Yo tem—a,   que je craigne.
Tú tem—as,   tu craignes.
Él tem—a,   il craigne.
Nos. tem—amos,   nous craignions.
Vos. tem—áis,   vous craigniez.
Ellos tem—an,   ils craignent.

Yo tem—iera, tem—eria, je craindrais, je craignisse.
 tem—iese,

Tú tem—ieras, tem—erias, *tem—ieses,*	tu craindrais, tu craignisses.
Él tem—iera, tem—eria, *tem—iese,*	il craindrait, il craignît.
Nos. tem—iéramos, tem—eriamos, tem—iésemos,	nous craindrions, nous crai-gnissions.
Vos. tem—ierais, tem—eriáis, tem—iéseis,	vous craindriez, vous crai-gnissiez.
Ellos tem—ieran, tem—erian, tem—iesen,	ils craindraient, ils craignis-sent.

PRÉTÉRIT.

Yo haya tem—ido,	que j'aie craint, etc.

PLUS-QUE-PARFAIT.

Yo hubiera, habria, hu-biese tem—ido,	j'aurais craint, j'eusse craint, etc.

FUTUR.

Yo tem—iere,	je craindrai.
Tú tem—ieres,	tu craindras.
Él tem—iere,	il craindra.
Nos. tem—iéremos,	nous craindrons.
Vos. tem—iereis,	vous craindrez.
Ellos tem—ieren,	ils craindront.

FUTUR COMPOSÉ.

Yo hubiere tem—ido,	j'aurai craint, etc.

IIIᵉ CONJUGAISON EN *IR*.

PART—IR, *partager.*

Infinitif.

PRÉSENT.

Part—ir,	partager.

PRÉTÉRIT.

Haber part—ido,   avoir partagé.

GÉRONDIF.

Part—iendo,   partageant.

PARTICIPE PASSÉ.

Part—ido,   partagé.

Indicatif.

PRÉSENT.

Yo part—o,   je partage.
Tú part—es,   tu partages.
Él part—e,   il partage.
Nos. part—imos,   nous partageons.
Vos. part—is,   vous partagez.
Ellos part—en,   ils partagent.

IMPARFAIT.

Yo part—ia,   je partageais.
Tú part—ias,   tu partageais.
Él part—ia,   il partageait.
Nos. part—iamos,   nous partagions.
Vos. part—iais,   vous partagiez.
Ellos part—ian,   ils partageaient.

PRÉTÉRIT DÉFINI.

Yo part - i,   je partageai,
Tú part—iste,   tu partageas.
Él part—ió,   il partagea.
Nos. part—imos,   nous partageâmes.
Vos. part—isteis,   vous partageâtes.
Ellos part—ieron,   ils partagèrent.

PRÉTÉRIT INDÉFINI.

Yo he part—ido,   j'ai partagé, etc.

PRÉTÉRIT ANTÉRIEUR.

Yo hube part—ido,   j'eus partagé, etc.

Yo habia part—ido,	j'avais partagé, etc.

FUTUR.

Yo part—iré,	je partagerai.
Tú part—irás,	tu partageras.
Él part—irá,	il partagera.
Nos. part—iremos,	nous partagerons.
Vos. part—iréis,	vous partagerez.
Ellos part—irán,	ils partageront.

FUTUR COMPOSÉ.

Yo habré part—ido,	j'aurai partagé, etc.

Impératif.

PRÉSENT *ou* FUTUR.

Part—e tú,	partage.
Part—a él,	qu'il partage.
Part—amos,	partageons.
Part—id vosotros,	partagez.
Part—an ellos,	qu'ils partagent.

Subjonctif.

PRÉSENT.

Yo part—a,	que je partage.
Tú part—as,	tu partages.
Él part—a,	il partage.
Nos. part—amos,	nous partagions.
Vos. part—ais,	vous partagiez.
Ellos part—an,	ils partagent.

IMPARFAIT.

Yo part—iera, part—iria, part—iese,	je partagerais, je partageasse.
Tú part—ieras, part—irias, part—ieses,	tu partagerais, tu partageasses

Él part—iera, part—iria, part—iese,	il partagerait, il partageât.
Nos. part—iéramos, part—iriamos, part—iésemos,	nous partagerions, nous partageassions.
Vos. part—iérais. part—iriais, part—ieseis,	vous partageriez, vous partageassiez.
Ellos part—ieran. part—irian, part—iesen,	ils partageraient, ils partageassent.

PRÉTÉRIT.

Yo haya part—ido,	que j'aie partagé, etc.

PLUS-QUE-PARFAIT.

Yo hubiera, habria, hubiese part—ido,	j'aurais, j'eusse partagé.

FUTUR.

Yo part—iere,	je partagerai.
Tú part—ieres,	tu partageras.
Él part—iere,	il partagera.
Nos. part—iéremos,	nous partagerons.
Vos. part—iereis,	vous partagerez.
Ellos part—ieren,	ils partageront.

FUTUR COMPOSÉ.

Yo hubiere part—ido,	j'aurai partagé.

DIALOGUES FRANÇAIS-ESPAGNOLS

CHAPITRE PREMIER

VOYAGES

MOYENS DE TRANSPORT

I. Le départ.

1. J'ai l'intention de partir demain par le premier train.
2. Allez vous informer des départs.
3. Procurez-moi un indicateur.
4. Faites avancer une voiture pour me conduire à la gare.
5. Faites venir un commissionnaire pour porter mes effets.
6. Je prendrai l'omnibus du chemin de fer.
7. Portez mes bagages au bureau de l'omnibus.
8. Combien faut-il de temps pour aller au chemin de fer ?
9. Hâtez-vous, je crains d'être en retard.
10. Je tiens à arriver à

I. La marcha.

1. Pienso salir mañana por la mañana en el primer tren.
2. Vaya V. á informarse de las salidas.
3. Tráigame V. un indicador.
4. Haga V. que venga un coche para llevarme á la estacion.
5. Que venga un mozo para llevar mis bagajes.
6. Tomaré el ómnibus del ferrocarril.
7. Lleve V. mi equipaje al despacho de los ómnibus.
8 ¿ Cuánto tiempo se necesita para ir al ferrocarril?
9. Pronto, temo llegar tarde.
10. Me importa estar en la

l'embarcadère une demi-heure avant le départ.

11. Je n'aime pas à être pressé pour prendre mes billets et faire enregistrer mes bagages.

12. Vous aurez soin de me réveiller de bonne heure.

13. Apportez-moi ce soir la note de ce que je vous dois, je n'aime pas à régler au moment du départ.

14. Allez chez la blanchisseuse, qui n'a pas encore rapporté mon linge.

15. Descendez mes bagages, — ma malle, — mon carton à chapeau, — ma couverture, — mes cannes et parapluie.

16. Montez dans la chambre, regardez si je n'ai rien oublié.

17. Maintenant, partons vite.

18. Pressez votre cheval, vous aurez un bon pourboire.

II A l'embarcadère.

1. Où trouverai-je un employé pour prendre mes bagages ?

2. Indiquez-moi le guichet.

3. Une première, — une

---

estacion media hora ántes de la salida.

11. No me gustan las prisas para tomar los billetes y facturar el equipaje.

12. Cuide V. despertarme temprano.

13. Tráigame V. esta noche la cuenta de lo que debo, no me gusta ajustarla en el momento de salir.

14. Vaya V. por la lavandera, que todavía no me ha traido la ropa.

15. Baje V. mi equipaje, — el baul, — la sombrerera, — la manta, — los bastones y el paraguas.

16. Suba V. á mi cuarto, á ver si no he olvidado nada.

17. Ahora, marchemos pronto.

18. Arree V. el caballo y tendrá una buena propina.

II. En la estacion.

1. ¿ En dónde encontraré un empleado que tome mi equipaje ?

2. Indiqueme V. la taquilla de los billetes.

3. Un asiento de primera,

seconde, — une troisième pour...

4. Ce train est-il express? — a-t-il des wagons de toutes classes?

5. Où faut-il aller pour faire enregistrer mes bagages?

6. A quel poids de bagages ai-je droit pour ne pas avoir d'excédant?

7. Puis-je garder ceci avec moi?

8. Donnez-moi mon bulletin de bagages.

9. Maintenant je puis entrer dans la salle d'attente.

10. Indiquez-moi la salle d'attente.

11. Pourrais-je acheter quelques journaux?

12. Je voudrais un Guide Badecker.

13. Je préfère surtout les Guides publiés par Hachette. — Je n'en connais pas de meilleurs.

14. Je voudrais un roman nouveau.

15. L'installation des bibliothèques dans les gares est une chose bien utile.

— de segunda, — de tercera para.....

4. ¿ Es este tren *expres*? ¿ tiene wagones de todas clases?

5. ¿ Adónde he de ir para facturar mi equipaje?

6. ¿ Qué peso se permite sin pagar exceso?

7. ¿ Puedo llevar esto conmigo?

8. Deme V. el talon de los bagajes.

9. Ahora ya puedo entrar en la sala de espera.

10. Indíqueme V. la sala de espera.

11. ¿ Podria comprar algunos periódicos?

12. Quisiera una Guia Badecker.

13. Prefiero ante todo las guias publicadas por Hachette. — No las conozco mejores.

14. Quisiera una novela nueva.

15. La instalacion de las bibliotecas en los embarcaderos es una cosa muy útil.

III. En wagon.

1. Puis-je monter en wagon?

2. Est-ce bien le train pour...?

III. En wagon.

1. ¿ Puedo subir al wagon?

2. ¿ Es este el tren para...?

3. Cette voiture est-elle bien celle de... ?

4. Serai-je obligé de changer de voiture ? — A quel endroit ? — Veuillez me réveiller si je dors.

5. Avez-vous des compartiments pour les fumeurs, — pour les dames seules ?

6. Je n'aime pas les wagons où l'on fume.

7. Je serais très-privé si je ne pouvais pas fumer.

8. La fumée vous incommode-t-elle ?

9. Seriez-vous assez bon pour me donner une allumette ?

10. Dans combien de temps arriverons-nous au buffet ?

11. Aurons-nous le temps de déjeuner, — de dîner, — de prendre un potage ?

12. Combien de temps s'arrête-t-on ?

13. Les boules d'eau chaude ne donnent plus de chaleur, pourriez-vous les faire renouveler ?

14. Notre lampe est éteinte, rallumez-la.

15. Monsieur, si ce journal vous est agréable, il est à votre disposition.

16. Ne vous gênez pas, je l'ai lu entièrement.

17. Seriez-vous assez obli-

3. ¿ Este coche es el de...?

4. ¿ Tendré que cambiar de coche ? — ¿ En qué punto ? — Me despertará V. si duermo.

5. ¿ Hay coches para los fumadores, — para señoras solas ?

6. No me gustan los wagones en donde se fuma.

7. Mucho me privará el no poder fumar.

8. ¿ Molesta á V. el humo ?

9. ¿ Tendria V. la bondad de darme una cerilla ?

10. ¿ En cuánto tiempo llegaremos á la fonda ?

11. ¿ Tendremos tiempo de almorzar, — de comer, — de tomar una sopa ?

12. ¿ Cuánto tiempo hay de parada ?

13. Las latas de agua caliente no calientan ya ¿ podria V. mandarlas cambiar ?

14. Nuestro farol está apagado, vuélvalo V. á encender.

15. Caballero, si agrada á V. este periódico, está á la disposicion de V.

16. Obre V. con franqueza, le he leido todo.

17. ¿ Seria V. bastante

geant pour me prêter votre indicateur, — ce guide,— ce volume — cette carte ?

18. C'est la première, — la seconde fois que je fais ce voyage.

19. La route est-elle curieuse ?

20. Pourriez-vous me dire le nom de ce pays, — de cette rivière, — de ce château,— de cette ruine ?

21. Le paysage est fort curieux, — fort insignifiant.

22. Puis-je, sans vous gêner, ouvrir ce côté? il fait très-chaud.

23. Voulez-vous me permettre de fermer ce carreau? je crains les courants d'air.

24. Le soleil me donne dans la figure.

25. Voulez-vous accepter un cigare ?

26. Ce train va bien lentement.

27. Ne pourriez-vous pas m'indiquer un bon hôtel ?

28. Je voudrais un hôtel pour les bourses moyennes.

29. Connaîtriez-vous un hôtel où l'on parle français, — allemand, — anglais, — espagnol ?

30. Ce buffet était très-bon; j'ai parfaitement dîné.

31. Si vous le voulez bien, nous tirerons ce petit rideau ;

amable para prestarme su indicador, — esa guia, — ese libro, — este mapa ?

18. Es la primera, — la segunda vez que hago este viaje.

19. ¿ Es interesante el camino ?

29. ¿ Podria V. decirme el nombre de esta comarca, — de este rio, — de esa quinta, — de esas ruinas ?

21. El paisaje es muy curioso, — muy insípido.

22. ¿ Molestará á V. que abra por este lado ? hace mucho calor.

23. ¿ Me permite V. cerrar este cristal? temo los aires colados.

24. El sol me da en la cara.

25. ¿ Gusta V. de un cigarro?

26. Este tren va muy despacio.

27. ¿ No podria V. indicarme una buena fonda?

28. Quisiera una fonda de precios moderados.

29. ¿ Conoce V. una fonda en que se hable Francés, — Aleman, — Inglés, — Español ?

30. Esta fonda era muy buena : he comido muy bien.

31. Si V. gusta, correremos esta cortinilla : así no

la lumière ne vous gênera pas.

le molestará la luz.

32. Je vais essayer de dormir.

32. Trataré de dormir.

33. Vous pouvez vous étendre, cela ne me gêne en rien.

33. Puede V. estirarse : eso no me molesta.

34. Nous voici enfin arrivés.

34. Ya hemos llegado.

35. Je vous remercie beaucoup de toutes vos amabilités.

35. Mil gracias por tanta bondad.

36. Grâce à vous, la route ne m'a pas semblé longue.

36. Gracias á V. nò se me ha hecho largo el camino.

37. A quel endroit distribue-t-on les bagages ?

37. ¿ En qué parte se reparten los equipajes ?

38. Il manque mon sac de nuit.

38. Me falta el saco de noche.

39. Je tiens à le retrouver.

39. Me interesa mucho encontrarle.

40. Si vous ne le retrouvez pas, où puis-je faire ma réclamation ?

40. Si no le halla V. ¿ en dónde he de reclamarle ?

41. Je garde mon bulletin, afin de réclamer à qui de droit.

41. Guardaré el talon para reclamar en dónde corresponda.

42. Monsieur le chef de gare, mon sac de nuit me manque.

42. Señor jefe de estacion, me falta el saco de noche.

43. J'en ai très-grand besoin ; télégraphiez à... pour savoir s'il n'y serait pas resté.

43. Me hace mucha falta ; envie V. un telégrama á... para ver si se quedó alli.

44. Quand aurai-je la réponse ?

44. ¿ Cuando habrá respuesta ?

45. Je ne vois pas ma malle.

45. No veo mi baul.

46. Cette malle n'est pas à moi.

46. Este baul no es mio.

47. Il est probable que ma malle sera restée à la douane.

47. Es probable que mi baul se haya quedado en la aduana.

48. Je ne veux pas continuer mon voyage sans l'avoir retrouvée.

48. No quiero continuar mi viaje sin haberle encontrado.

49. C'était une boîte recouverte de toile grise.

49. Era una caja cubierta con lienzo gris.

50. Mon nom était dessus.

50. Tenia mi nombre encima.

51. On a ouvert ma malle et pris plusieurs objets.

51. Han abierto el baul y cogido varios objetos.

52. Je voudrais pouvoir faire constater que cette serrure a été forcée, afin de demander des dommages et intérêts.

52. Quisiera hacer constar que han forzado la cerradura, para pedir daños y perjuicios.

IV. Des ennuis et incidents dans le voyage.

IV. De las molestias é incidentes que ocurren en los viajes.

1. Je ne puis aller à reculons sans être fortement incommodé.

1. No puedo ir de espaldas sin estar muy molestado.

2. Vous serait-il indifférent d'aller en arrière ?

2. ¿ Le es á V. igual ir hácia atrás ?

3. Mille remerciements pour votre obligeance.

3. Mil gracias por el favor.

4. La fumée du tabac m'incommode, je vous serais bien reconnaissant de cesser.

4. Me incomoda el humo del cigarro : agradeceré á V. que deje de fumar.

5. La fumée du tabac incommode madame.

5. El humo del cigarro molesta á esta señora.

6. Je regrette beaucoup de vous causer cette priva-

6. Mucho siento motivarle esa privacion; pero real-

tion, mais cela me rend positivement malade.

mente me hace daño.

7. Quelle poussière diabolique !

7. ¡ Qué polvo tan infernal !

8. Il est impossible d'avoir les glaces ouvertes.

8. No se pueden tener abiertos los cristales.

9. Nous étoufferons si je les ferme.

9. Si los cierro nos vamos á ahogar.

10. Vous seriez bien aimable d'ouvrir un petit moment, car il fait très-chaud.

10. Le agradeceré á V. que abra un momento : hace mucho calor.

11. Il fait un froid de loup.

11. Hace un frio de lobo.

12. Le soleil me donne en pleine figure.

12. Me da el sol en medio de la cara.

13. Obligez-moi de baisser ce rideau.

13. Tenga V. la bondad de cerrar la cortinilla.

14. Monsieur, lorsqu'on est si susceptible, on prend un compartiment pour soi.

14. Caballero, cuando uno es tan susceptible, toma para si todo el coche.

15. Le train s'arrête, qu'y a-t-il ?

15. El tren se para, ¿ qué sucede ?

16. Je vois tout le monde mettre la tête à la portière.

16. Veo á todos sacar la cabeza por la portezuela.

17. Lorsque le train s'arrête, il n'y a pas de danger.

17. Cuando el tren se para, no hay cuidado.

18. Il est probable qu'un autre train est en vue.

18. Probablemente habrá otro tren á la vista.

19. Je vois des personnes qui descendent sur la voie ; je vais en faire autant.

19. Veo algunos que se apean : haré lo mismo.

20. Il y a devant nous un train de marchandises.

20. Tenemos delante un tren de mercancias.

21. La locomotive a un accident.

21. La locomotora ha tenido algun accidente.

22. Pourvu qu'un autre train ne vienne pas derrière nous.

22. Con tal que no venga por detrás otro tren.

23. Je préfère descendre.

24. On aura sans doute fait des signaux.

25. Nous sommes sans doute là pour quelque temps.

26. Prenons patience.

23. Prefiero apearme.

24. Sin duda habrán hecho señales.

25. Seguramente tendremos que esperar largo tiempo.

26. Tengamos paciencia.

V. Au buffet.

V. Almuerzo en el ambigú del ferro-carril.

1. Garçon, vite, un bouillon.

2. Qu'avez-vous de prêt ?

3. Donnez-moi une tasse de café.

4. Donnez-moi du pain et de la viande, — une bouteille de vin, — une demi-bouteille, — un carafon.

5. Combien cette part de poulet ?

6. Enveloppez-la-moibien.

7. Donnez-moi aussi un verre, — du pain, — un peu de sel dans du papier.

8. Combien ces fruits ?

9. Donnez-nous un cigare et du feu.

10. Pressez-vous un peu, le train va partir.

11. Payez-vous vite.

1. ¡ Mozo! pronto, un caldo !

2. ¿ Qué tiene V. listo ?

3. Déme V. una taza de café.

4. Venga pan y carne — una botella de vino, — media botella, — medio chico.

5. ¿ Cuánto es este trozo de pollo?

6. Envuélvale V. bien.

7. Venga tambien un vaso, — pan, — un poco de sal en un papel.

8. ¿ Cuánto estas frutas ?

9. Déme V. un cigarro y lumbre.

10. ¡ Pronto ! que va á marchar el tren.

11. ¡ Cobre V. corriendo !

VI. A la douane.

VI. En la aduana.

1. Tout le monde descend pour la visite de la douane.

1. Todo el mundo baja para el registro de la aduana.

2. Les passe-ports sont-ils toujours exigibles ?

2. ¿ Se exigen los pasaportes ?

3. J'ai oublié de faire viser mon passe-port au consulat.

3. He olvidado visar mi pasaporte por el consulado.

4. J'ignorais qu'il fallait un passe-port ; voici différents papiers qui peuvent vous montrer qui je suis.

4. Ignoraba que fuese necesario el pasaporte : aqui traigo varios papeles que pueden probar á V. quién soy.

5. Voici ma malle ouverte, je n'ai rien à déclarer.

5. Aqui está mi baul abierto : nada tengo que declarar.

6. Je vous en prie, visitez-moins brusquement.

6. Ruego á V. registre ménos atropelladamente.

7. Ne remuez pas tout ainsi, je vais vous défaire tout moi-même.

7. No lo revuelva V. todo de esa manera : yo mismo se lo presentaré.

8. Je vous affirme que tous ces objets sont à mon usage.

8. Aseguro á V. que todos estos objetos son de mi uso.

9. J'ignorais qu'une aussi petite chose fût soumise aux droits.

9. Ignoraba que esa friolera pagase derechos.

10. Ces droits sont exorbitants ; vous devez faire erreur ; montrez-moi le tarif.

10. Esos derechos son exorbitantes : debe haber equivocacion, enséñeme V. el arancel.

11. Puis-je remettre tout en ordre et refermer ma malle ?

11. ¿ Puedo volver á arreglar la ropa y cerrar el baul ?

12. Faut-il vous ouvrir tous mes colis, ou voulez-vous m'en désigner un ou deux à votre choix ?

12. ¿ Hay que abrir todos los bultos, ó quiere V. señalarme uno ó dos á su satisfaccion ?

13. La douane est toujours une cérémonie bien ennuyeuse.

13. La aduana es siempre una formalidad bien fastidiosa.

14. Certains douaniers prennent à tâche d'ennuyer les voyageurs.

14. Algunos aduaneros se complacen en molestár á los viajeros.

VII. Renseignements divers.

1. Je voudrais laisser mes bagages ici ; je ne repartirai que ce soir par le train.

2. Vous devez les recevoir en dépôt.

3. Donnez-vous un reçu pour que je puisse les réclamer ?

4. Si je pouvais les enregistrer de suite, j'aimerais beaucoup mieux cela.

5. Avec ce bulletin, je pourrai les réclamer.

6. A quel endroit les mettez-vous ?

7. J'ai déposé mes bagages ici ce matin. En voici le bulletin.

8. Je voudrais les reprendre.

9. Enregistrez-les pour...

10. Faut-il que j'aie pris ma place avant ?

11. Il manque ma couverture de voyage.

12. Cherchez bien, vous devez l'avoir.

13. Je l'aperçois sous cette malle.

14. Combien vous dois-je pour cela ?

15. Je voudrais expédier cette malle à..., bureau restant.

VII. Informes diversos.

1. Quisiera dejar aquí mi equipaje, partiré en el tren de esta noche.

2. Recíbale V. en el depósito.

3. ¿ Dan Vs. un recibo para poder reclamar ?

4. Desearia que lo registrasen ahora.

5. Podria retirarle con este talon.

6. ¿ En dónde le coloca V.?

7. Hé aquí el recibo del equipaje que deposité aquí esta mañana.

8. Quisiera llevármelo.

9. Factúrele V. para...

10. ¿ Hay que sacar el billete con anticipacion ?

11. Falta una manta de viaje.

12. Búsquela bien, debe V. tenerla.

13. La veo debajo de aquel baul.

14. ¿ Cuánto se debe por cada bulto ?

15. Quisiera expedir este baul para... en casa de correo.

16. Je veux en payer le port.

16. Voy á pagarle á V. el porte.

17. Quelle différence faites-vous pour l'envoyer en grande ou en petite vitesse?

17. ¿ Qué diferencia se paga al enviarle por grande ó por pequeña velocidad?

18. Combien mettez-vous de jours pour la petite vitesse ?

18. ¿ Cuántos dias tarda por pequeña velocidad?

19. Combien pour la grande ?

19. ¿ Y por la grande?

20. Je me décide pour la grande vitesse.

20. Me decido por la gran velocidad.

21. Donnez-moi un reçu pour que je puisse la réclamer arrivée à destination.

21. Déme V. el talon para reclamar á la llegada.

22. Vous vous trompez, elle ne pèse que...

22. Se equivoca V., no pesa más que...

23. Voici mon bulletin de bagage.

23. Aquí está la factura.

24. Vous allez les porter à l'omnibus de l'hôtel.

24. Llévele V., al ómnibus de la fonda.

25. Faites avancer une voiture et mettez-les dessus.

25. Tráiga V. un coche para llevarle.

26. Cocher, conduisez-moi à cette adresse.

26. Cochero, condúzcame V. á este punto.

27. Connaissez-vous cet hôtel ?

27. ¿ Conoce V. esta fonda?

28. Combien vous dois-je ?

28. ¿ Cuánto le debo á V.?

VIII. La diligence.

VIII. La diligencia.

1. Pouvez-vous m'indiquer le bureau des voitures pour aller à... ?

1. ¿ Puede V. indicarme el despacho de coches para ir á.....?

2. Faut-il retenir sa place d'avance ?

2. ¿ Hay que guardar con anticipacion el asiento?

3. Suffit-il d'arriver au moment du départ ?

3. ¿ Basta llegar al momento de la salida?

4. Est-ce ici le bureau des

4. ¿ Es aquí el despacho de

voitures pour X...? Voudriez-vous me dire le prix d'une place de coupé,— d'intérieur, — de banquette, jusqu'à...?

5. La place du coin est-elle libre ? donnez-la-moi.

6. Ferez-vous prendre mes bagages ? — Dois-je les envoyer ?

7. Combien mettez-vous de temps pour faire le trajet ? — Quelle distance y a-t-il ?

8. A quelle heure partez-vous ?

9. Où peut-on déjeuner ?

10. Pourrai-je m'arrêter en route et repartir par la voiture suivante ?

11. Que faites-vous payer pour les bagages ? — N'oubliez pas de faire prendre les bagages à mon hôtel.

12. Faut-il donner quelque chose au conducteur ?

13. Conducteur, voulez-vous un cigare ?

14. Y a-t-il longtemps que vous faites le service sur cette route ?

15. Avez-vous des curiosités à me montrer sur notre route ?

16. A quelle heure arriverons-nous pour dîner ?

17. Quelle est cette race de chevaux ?

18. Ils ont l'air assez bons.

19. Vous les ménagez trop.

coches para X...? Cuál es el precio de un asiento de berlina, — de interior, — de cupé hasta......?

5. ¿ Está libre el rincon ? démele V.

6. ¿ Enviará V. por mi equipaje á la posada? — ¿ Tendré que enviarle ?

7. ¿ Cuánto se tarda en el camino ? — ¿ Qué distancia hay ?

8. ¿ Á qué hora se sale ?

9. ¿ En dónde se almuerza ?

10. ¿ Podré pararme en el camino y continuar con el coche siguiente ?

11. ¿ Cuánto cuesta el equipaje ? — No olvide V. mandar por mi equipaje á la posada.

12. ¿ Hay que dar algo al mayoral ?

13. ¿ Mayoral, quiere V. un cigarro?

14. ¿ Hace mucho tiempo que corre V. esta linea ?

15. ¿ Hay algo que ver por el camino ?

16. ¿ Á qué hora llegaremos á comer?

17. ¿ De qué raza son estos caballos ?

18. Parecen buenos.

19. Los trata V. con demasiada consideracion.

20. Je vous offrirai une bouteille si nous arrivons de bonne heure ?

20. Le ofreceré á V. una botella si llegamos temprano.

21. Ai-je le temps de descendre ? Attendez-moi quelques minutes.

21. ¿ Tengo tiempo de apearme? espéreme V. unos minutos.

22. Le chemin de fer de.... sera-t-il bientôt terminé ?

22. ¿ Estará concluido pronto el ferrocarril de.....?

23. Combien de fois relayez-vous avant d'arriver à.... ?

23. ¿ Cuántos relevos hay hasta.....?

IX. Pour louer une voiture particulière.

IX. Para alquilar un coche particular.

1. Où pourrai-je trouver une voiture pour aller à....?

1. ¿ En dónde encontraré un coche para ir á....?

2. Je voudrais voyager à petites journées.

2. Quiero viajar á pequeñas jornadas.

3. Je désirerais avoir une voiture confortable et de bons chevaux.

3. Deseo un coche cómodo y buenos caballos.

4. Combien me prendrez-vous pour me conduire à... ?

4. ¿ Cuánto lleva V. por conducirme á....?

5. Nous sommes trois.

5. Somos tres.

6. Voyons votre voiture. — Combien y mettez-vous de chevaux ?

6. ¿ A ver el coche ? — ¿ Cuántos caballos pone V.?

7. Relayez-vous en route?

7. ¿ Remuda V. en el camino ?

8. Vous me demandez beaucoup trop cher. — Je trouve que la moitié serait déjà beaucoup.

8. Pide V. demasiado caro. — La mitad es ya mucho.

9. Arrangeons-nous pour..., et je donnerai un pourboire au cocher.

9. Convengamos en..... y daré propina al cochero.

10. Il est impossible de s'entendre avec vous.

10. Es imposible entenderse con V.

11. Puis-je mettre mes bagages derrière la voiture ?

11. ¿ Puedo poner el equipaje en la zaga ?

12. A quelle heure partirons-nous ?

12. ¿ Á qué hora saldremos ?

13. Je voudrais partir de grand matin, pour éviter la chaleur, — pour pouvoir aller coucher à....

13. Quisiera salir de madrugada, para evitar el calor, — para poder dormir en.....

14. Je tiens à voir la voiture. Elle est bien étroite. — Vous me mettrez d'autres coussins. — Peut-elle se découvrir ?

14. Me interesa ver el coche. — Es muy estrecho. — Pondrá V. otros cogines. — ¿ Puede descubrirse ?

15. Trouverons-nous de bons hôtels en route ?

15. ¿ Encontraremos en el camino buenas posadas ?

16. Vous serez demain à la porte de l'hôtel.

16. Este V. mañana temprano á la puerta de la fonda.

17. Surtout mettez-moi de bons chevaux.

17. Sobre todo póngame V. buenas caballerías.

18. Je ne donnerai de pourboire que si je suis content.

18. Solo daré propina si estoy satisfecho.

X. Des accidents qui peuvent arriver en diligence ou en voiture.

X. De los accidentes que puede haber en carruaje.

1. D'où vient cette secousse ?

1. ¿ Qué sacudida es esa ?

2. Le cheval de devant s'est abattu.

2. El caballo delantero se ha caido.

3. Il est embarrassé dans les traits.

3. Se ha enredado en los aparejos.

4. Il ne peut se relever.

4. No puede levantarse.

5. Détclez-le, c'est ce qu'il y a de mieux à faire.

5. Lo mejor es desengancharle.

6. Il n'y a pas moyen, il faut couper les traits.

6. No es posible, hay que cortar los tiros.

7. Donnons un coup de main.

7. Ayudemos un poco.

8. Il faut d'abord caler les roues:

8. Ántes hay que calzar las ruedas.·

9. Il faudrait faire avancer un peu la voiture sur lui.

9. Seria preciso adelantar algo el coche.

10. Prenez garde à vous lorsqu'il se relèvera.

10. Tenga V. cuidado cuando se levante.

11. Il faut faire des traits avec des cordes.

11. Hay que hacer tirantes con cuerda.

12. Qu'est-ce encore ?

12. ¿ Qué es eso otra vez ?

13. Nous avons failli verser.

13. Por poco volcábamos.

14. C'est cette grosse pierre qui était en travers de la route.

14. Por esa peña que estaba en medio del camino. .

15. La route est tout encombrée des débris de l'orage.

15. El camino está sembrado de tropiezos á causa de la tormenta.

16. Il faudrait prendre un autre chemin.

16. Convendria tomar otro camino.

17. Les chevaux ne peuvent plus avancer.

17. Los caballos no pueden camiuar más.

18. Sommes-nous loin d'une habitation ?

18. ¿ Estamos léjos de alguna habitacion ?

19. Y trouverons-nous des chevaux de renfort?

19. ¿ Encontraremos caballos de refuerzo ?

20. Une roue s'est détachée.

20. Se ha soltado una rueda.

21. Quelques pas de plus, et nous roulions de haut en bas.

21. Unos pasos más, y rodábamos al precipicio.

22. Le conducteur est blessé.

22. Está herido el mayoral.

23. Où pourrions-nous avoir de l'eau ?

23. ¿ Dónde podríamos encontrar agua ?

24. J'aperçois un ruisseau.

24. Allí veo un arroyo.

25. Avez-vous un mouchoir à me prêter pour le bander ?

25. ¿ Me presta V. un pañuelo para vendarle ?

26. Essayons de le transporter à la maison que nous voyons là-bas.

26. Procuremos transportarle á la casa que se ve allá.

27. Voici un malheureux qui s'est blessé dans un accident de voiture.

27. Aquí tenemos un infeliz herido con un accidente de carruaje.

28. Il faudrait envoyer chercher un médecin.

28. Convendria enviar á buscar al médico.

29. Sommes-nous loin du relais de poste ?

29. ¿ Estamos léjos del relevo de posta ?

30. Trouverai-je un charron dans les environs ?

30. ¿ Habrá en las cercanías un carretero ?

31. A défaut de charron — un charpentier, — un menuisier, — un serrurier ?

31. En su defecto un carpintero — un cerrajero.

32. Quelqu'un enfin qui puisse arranger un peu la voiture pour nous permettre de continuer jusqu'à la première ville ?

32. Alguien en fin que pueda componer el coche para poder llegar á la primera ciudad.

33. Il faudrait charger les bagages dans une charrette, et nous irions à pied.

33. Seria bueno cargar los equipajes en una carreta, y nosotros iremos á pié.

34. Le conducteur est gris, il va certainement nous arriver un accident.

34. El mayoral está chispo, de seguro nos va á suceder algo.

35. Postillon, arrêtez : vous allez nous faire verser.

35. Delantero, pare V., nos va á hacer volcar.

36. Nous sommes heureux d'en être quittes à si bon marché.

36. De buena nos hemos librado.

37. En sautant, je me suis donné une entorse.

38. J'ai le poignet foulé.

39. Venez vite tremper votre pied dans ce ruisseau.

40. Respirez ceci, cela vous remettra.

41. Prenez une goutte d'eau-de-vie.

42. Quel ouragan épouvantable!

43. Les chevaux ont peur des éclairs : ils vont s'emporter.

44. Il vaut mieux s'arrêter.

45. Nous ne pouvons plus continuer.

46. La rivière est débordée.

47. Le torrent a enlevé le pont.

48. Il nous va falloir passer la nuit sur la grande route.

49. La voiture est trop chargée, il est imprudent de passer le bac.

50. On ne me reprendra plus à voyager ainsi.

XI. Dans une auberge.

1. Voilà, je crois, une auberge.

2. Elle a même l'air assez confortable.

37. Al saltar me torci el pié.

38. Me he estropeado la muñeca.

39. Venga V. pronto á meter el pié en este arroyo.

40. Respire V. esto, le hará provecho.

41. Tome V. una gota de aguardiente.

42. ¡ Qué espantoso huracan !

43. Los caballos se asustan de los relámpagos : se van á desbocar.

44. Vale más pararse.

45. Ya no podemos continuar.

46. El rio sale de madre.

47. Las aguas se llevaron el puente.

48. Tendremos que pasar la noche á cielo raso.

49. El coche está muy cargado : no seria prudente pasar la barca.

50. No volverán á cogerme para viajar de este modo.

XI. En una posada.

1. Creo que hay allí una posada.

2. Parece confortable.

3. Ce doit être une bien pauvre auberge.

3. Debe de ser un meson.

4. Il ne doit y descendre que des rouliers et des colporteurs.

4. Solo deben parar aquí arrieros y carreteros.

5. Enfin, il vaut mieux encore y entrer que de passer la nuit à la belle étoile.

5. Enfin más vale entrar que dormir á cielo raso.

6. Entrons toujours, nous verrons.

6. Entremos, despues se verá.

7. Bonjour, la compagnie ; pouvez-vous me donner à déjeuner, — à dîner, — à souper, — à coucher ?

7. Felices, buena gente, ¿ podrian Vs. darme de almorzar, — de cenar, — de comer, — una cama ?

8. Qu'avez-vous à nous donner pour dîner ?

8. ¿ Qué nos dará V. de comer ?

9. Si vous n'avez pas autre chose, il faut bien s'en contenter.

9. Fuerza es contentarse, si no hay otra cosa.

10. J'aime autant du pain et du fromage.

10. Lo mismo me es pan y queso.

11. N'avez-vous pas des œufs ? — Faites-nous une omelette au lard.

11. ¿ Hay huevos ? — Que hagan una tortilla con tocino.

12. Donnez-moi le vin que vous avez.

12. Déme V. el vino que tenga.

13. Pouvez-vous faire rentrer la voiture ?

13. ¿ Puede meterse el coche en la cochera ?

14. Mettez le cheval à l'écurie.

14. Lleve V. el caballo á la cuadra.

15. Vous avez bien une chambre à nous donner ?

15 ¿ Hay un cuarto que darnos ?

16. Pourvu que le lit soit bon, c'est tout ce qu'il me faut.

16. Lo que deseo es que sea buena la cama.

17. Il ne faut pas se plaindre, il n'est pas trop dur.

17. No hay que quejarse, no es tan dura.

18. Les draps sont humides ; mettez-en d'autres, je

18. Las sábanas están húmedas, no quiero dormir en

ne veux pas coucher là dedans.

19. Je né suis pas assez couvert, donnez-moi une seconde couverture.

20. Nous sommes gelés, faites-nous un bon feu.

21. Montez-moi du bois ou du charbon de terre.

22. Dites-moi ce que je vous dois.

23. Voici la note préparée.

24. C'est plus cher que dans un bon hôtel.

25. Vous êtes bien raisonnable : voilà pour donner aux domestiques.

ellas, póngame V. otras.

19. No tengo bastante ropa, déme V. otra manta.

20. Estamos helados, que hagan Vs. un buen fuego.

21. Súbame V. leña y carbon de piedra.

22. Dígame V. lo que debo.

23. Aqui está la nota preparada.

24. Es más caro que en una buena fonda.

25. Es V. bien razonable, ahí va para los criados.

XII. Sur le bateau.

1. Faut-il arrêter sa place pour avoir une cabine ?

2. Quel jour part-il ?

3. Combien de temps met-il pour faire la traversée ?

4. Avez-vous une cabine de pont ?

5. A quelle heure faut-il être rendu à bord ?

6. Devrai-je prendre un batelier pour m'y conduire ?

7. Que leur donne-t-on de coutume pour cela ?

8. Conduisez-moi au bateau qui part pour.....

XII. En el buque.

1. ¿ Es preciso retener el pasaje para tener un camarote ?

2. ¿ Qué dia sale el buque ?

3. ¿ Cuánto tarda en la travesía ?

4. ¿ Tiene V. un camarote de sobrecubierta ?

5. ¿ Á qué hora hay que estar á bordo ?

6. ¿ Deberé tomar un marinero que me lleve á bordo ?

7. ¿ Qué se les acostumbra á pagar ?

8. Lléveme V. al buque que sale para....

9. Pressez-vous un peu, j'entends la cloche.

9. Vamos de prisa : que oigo la campana.

10. Ne mettez pas ce sac aux bagages, je le conserverai avec moi.

10. No ponga V. ese saco con el equipaje. : le llevaré conmigo.

11. La traversée s'annonce-t-elle bien ?

11. ¿ Se presenta buena la travesía ?

12. Elle a été très-bonne hier.

12. Ayer fué muy buena.

13. Le vent commence à s'élever.

13. Se está levantando el viento.

14. J'ai grand'peur d'être malade.

14. Mucho temo marearme.

15. Madame, vous semblez indisposée ; puis-je vous être utile ?

15. Señora, parece V. indispuesta ; ¿ puedo serle á V. útil ?

16. Disposez de moi, je vous prie.

16. Ruego á V. disponga de mí.

17. Où pourrai-je avoir un peu d'eau-de-vie ?

17. ¿ Dónde me darán un poco de aguardiente ?

18. Ayez la bonté de m'apporter une cuvette, — je me sens mieux.

18. Sírvase V. traerme una palancana, — me siento mejor.

19. Vous n'auriez pas un citron ?

19. ¿ Tiene V. un limon ?

20. Je n'ai pas la force de bouger.

20. No tengo fuerzas para menearme.

21. Ayez la complaisance de vous occuper du débarquement.

21. Ruego á V. se ocupe del desembarque.

22. La vue de la terre me fait du bien.

22. La vista de tierra me consuela.

23. Je suis bien heureux d'être arrivé.

23. ¡ Cuánto me alegro de haber llegado !

24. Où visite-t-on les bagages ?

24. ¿ En dónde se visita el equipaje ?

25. Nous sommes à la douane.

25. Estamos en la aduana.

26. Je n'ai pas besoin de vos services.

27. Vous m'ennuyez, allez tous au diable.

28. Suis-je obligé de déclarer vingt-cinq cigares ?

26. No necesito de sus servicios.

27. ¡ Qué fastidio ¡ váyanse con cien mil diablos.

28. ¿ Tengo obligacion de declarar veinte y cinco cigarros ?

CHAPITRE II

INSTALLATION — SERVICE

I. A l'hôtel.

I. En la fonda.

1. Auriez-vous une chambre de libre?

2. A quel étage est-elle ? — Je ne voudrais pas monter aussi haut.

3. Montrez-la-moi toujours.

4. Je ne tiens pas à l'avoir aussi grande. — En avez-vous une donnant sur la rue ? — Je sors peu, et j'aime beaucoup à avoir de la vue.

5. Je ne tiens pas à avoir une chambre sur le devant, je suis presque toujours dehors.

6. Je ne veux pas monter trop haut, cela me fatigue énormément.

7. Avez-vous une chambre à deux lits?

8. Quels sont les prix de votre hôtel ?

1. ¿ Tiene V. un cuarto libre ?

2. ¿ En qué piso está ? — No quisiera subir tanto.

3. ¿ A ver ?

4. No importa que sea más pequeña. — ¿ Tiene V. uno que dé á la calle ? Salgo poco y me gustan las buenas vistas.

5. No exijo que el cuarto dé á la calle; casi siempre estoy fuera.

6. No me gusta subir muchas escaleras, me cansa en extremo.

7. ¿ Tiene V. un cuarto con dos camas ?

8. ¿ Qué precios tiene esta fonda ?

9. Combien comptez-vous cette chambre?

9. ¿ Cuánto vale este cuarto?

10. Je compte rester huit jours, — quinze jours, — un mois. — Faites-moi un prix doux.

10. Estaré ocho dias, — quince, — un mes. — Póngame V. un precio barato.

11. Le service est certainement compris.

11. ¿ Sin duda incluye V. el servicio?

12. Afin d'éviter les surprises, j'aime bien à connaître d'avance tous les prix.

12. Para evitar sorpresas bueno es saber ántes todos los precios.

13. Cela vaut toujours mieux, car on est libre d'accepter ou de refuser.

13. Es mucho mejor, así se acepta ó se rehusa con franqueza.

14. Combien comptez-vous de service par personne?

14. ¿ Cuánto se paga el servicio de cada uno?

15. Et pour la bougie, vous ne la comptez que chaque fois que vous en mettez une neuve?

15. ¿ Y la luz? No la hará V. pagar sino cada vez que pone una nueva?

16. Cette chambre ne fait pas mon affaire.

16. No me acomoda el cuarto.

17. Vous n'avez pas une chambre moins triste? c'est une vraie prison.

17. ¿ No tiene V. un cuarto ménos triste? parece una cárcel.

18. La cheminée va-t-elle bien?

18. ¿ Va bien la chimenea?

19. Montez-moi de quoi faire du feu.

19. Que suban con qué hacer fuego.

20. Je voudrais bien un autre fauteuil.

20. Quisiera otro sillon.

21. Vous me mettrez une seconde couverture.

21. Póngame V. otra manta más.

22. Vous n'avez pas un édredon?

22. ¿ No hay un almohadon de pluma?

23. Montez-moi un oreiller, j'aime à avoir la tête très-haute.

23. Súbame V. una almohada; me gusta tener alta la cabeza.

24. Je ne vois pas le tire-botte.

24. No veo el sacabotas.

25. Dites-moi où sont les cabinets.

26. Y a-t-il un signe sur la porte ?

27. Montez-moi un seau pour jeter les eaux de toilette et un broc.

28. Je voudrais une seconde cuvette.

29. Le vase indispensable n'est pas dans la table de nuit.

30. Vous me donnerez une seconde serviette.

31. Où est la sonnette ?

32. Vous pouvez monter mes bagages.

33. Posez ma malle sur ce pliant.

34. Je ne vous ai pas demandé le prix du déjeuner, — du dîner.

35. Vous avez une table d'hôte.

36. Ne pouvez-vous me faire un prix plus avantageux ? je prendrais tous mes repas ici.

37. Je voudrais vous donner... par jour, tout compris, logement, nourriture et service.

38. Vous êtes vraiment trop cher, vous oubliez que je vous suis adressé par un de vos bons clients.

39. Arrangeons-nous pour... c'est entendu.

25. Dígame V. donde está el excusado.

26. ¿ Hay señal en la puerta ?

27. Suba V. para echar las aguas de la palancana y un jarro.

28. Quisiera otra palancana.

29. Falta en la mesa de noche la pieza indispensable.

30. Déme V. otra servilleta.

31. ¿ Dónde está la campanilla ?

32. Puede V. subir mi equipaje.

33. Ponga V. mi baul en ese escaño.

34. No he preguntado el precio del almuerzo, — de la comida.

35. ¿ Tiene V. mesa redonda ?

36. ¿ No podria V. pedirme un precio más módico ? haria todas las comidas en casa.

37 Yo quisiera pagar.... por dia, comprendiéndolo todo, casa, comida y servicio.

38. Es V. muy caro y olvida que le soy recomendado por uno de sus buenos parroquianos.

39. Convengamos en..... es cosa hecha.

40. Je vous préviens que je serai souvent obligé de dîner dehors, aussi je désire avoir un prix séparé pour la chambre.

41. Je comprends que vous louiez la chambre un peu plus cher lorsque l'on ne prend pas les repas à l'hôtel, mais la différence est trop grande.

42. Je suis désolé, mais vous m'obligez à aller frapper à une autre porte.

43. Vous me répondez qu'il n'y a pas de punaises? j'en ai une peur horrible.

44. Si j'en trouvais, je quitterais de suite.

45. Je vous prierai de me serrer dans votre caisse ce portefeuille.

46. J'ai mille francs à vous confier, car il est imprudent de les laisser dans la chambre, puis vous ne répondez naturellement que de ce qui vous est remis.

47. Avez-vous l'habitude de donner un reçu?

48. Ne vous offensez pas de cette demande, elle n'a rien de personnel; mais c'est plus régulier, car on ne sait ni qui meurt ni qui vit.

49. Je n'aime pas les hôtels de voyageurs de commerce; ces messieurs ont souvent à table une conver-

40. Prevengo á V. que tendré que comer fuera de casa muchas veces, por eso deseo tener por separado el precio del cuarto

41. Comprendo que haga V. pagar más caro cuando no se come en la fonda, pero la diferencia es excesiva.

42. Mucho lo siento; pero tendré que ir á llamar á otra puerta.

43. ¿ Dice V. que no hay chinches ? tengo horror de ellas.

44. A la primera que encuentre echo á correr.

45. Guárdeme V. esta cartera en la caja.

46. Confio á V. mil francos porque no es prudente dejarlos en el cuarto, ya que V. no responde sino de lo que se le entrega.

47. ¿ Acostumbra V. á dar recibo ?

48. No se ofenda V. por mi pregunta, nada tiene de personal; pero es más regular cuando no se sabe quién vive ni quién muere.

49. No me gustan las fondas de los viajantes de comercio: con frecuencia hablan esos señores en la mesa

sation trop libre, ce qui est quelquefois gênant lorsque l'on est avec une dame.

50. Vous avez un omnibus attaché à l'hôtel ?

51. N'avez-vous pas dans l'hôtel un loueur de voitures pour promenades ?

52. Avez-vous un salon de lecture ?

53. Recevez-vous quelques journaux français, anglais, belges, espagnols ?

54. Il y a certainement un fumoir ? Indiquez-le-moi, je vous prie.

55. Vous devez avoir les affiches de théâtre.

56. Avez-vous des bains dans l'hôtel ?

57. S'il vient des lettres pour moi, vous me les ferez monter, je vous prie.

58. Je n'aime pas cette coutume de les mettre sous un petit grillage ; il s'ouvre facilement, et je me méfie des personnes indiscrètes.

59. Voilà deux fois que je sonne inutilement ; je voudrais de l'eau chaude.

60. Priez la femme de chambre de venir coiffer madame.

61. Vous allumerez mon feu.

62. Dites que l'on me monte de suite mes chaussures, elles devraient être faites.

con demasiada libertad, lo que molesta si se acompaña á una señora.

50. ¿ Tiene ómnibus la fonda ?

51. ¿ No hay en la fonda quien arriende coches para pasearse ?

52. ¿ Hay salon de lectura ?

53. ¿ Recibe V. periódicos franceses, — ingleses, — belgas, — españoles ?

54. ¿ Sin duda habrá una pieza para fumar ? Sírvase V. enseñármela.

55. ¿ Tendrá V. los anuncios de teatro ?

56. ¿ Hay baños en la fonda ?

57. Si llegan cartas para mi, que me las suban.

58. No me gusta la costumbre de poner las cartas tras un enrejado, que muchas veces está abierto, y temo las indiscreciones.

59. Dos veces he llamado en balde : quisiera agua caliente.

60. Diga V. á la doncella que venga á peinar á la señora.

61. Encienda V. el fuego.

62. Que me suban en seguida el calzado, ya debería estar pronto.

63. Vous me monterez une tasse de café au lait, — de chocolat, — de thé.

II. Pour louer un appartement garni.

1. On m'a indiqué votre maison comme louant des appartements meublés.

2. Qu'avez-vous de disponible ?

3. Je voudrais un petit appartement composé de deux chambres à coucher, un salon et un cabinet de débarras.

4. Il me faut une chambre à coucher avec un cabinet de toilette et un salon.

5. Une belle chambre me suffirait. Je la voudrais au premier.

6. Je ne voudrais pas monter plus haut que le deuxième étage.

7. Je voudrais une chambre donnant sur les jardins, je serais plus tranquille.

8. Avez-vous quelque chose donnant sur le quai, — la rue, — le boulevard, — la place, — la mer, — le port ?

9. Voyons ce que vous pouvez m'offrir, nous causerons ensuite du prix.

10. Cet appartement est vraiment coquet, il est très-gai.

63. Súbame V. una taza de café con leche, — de chocolate, — de té.

II. Para alquilar habitaciones amuebladas.

1. Me han dicho que en esta casa se alquilan habitaciones amuebladas.

2. ¿ Qué hay disponible ?

3. Quisiera una habitacioncita compuesta de dos cuartos de dormir, una sala y un cuarto oscuro.

4. Necesito un cuarto de dormir, un gabinete de tocador y una sala.

5. Me contentaria con un buen cuarto en el primer piso.

6. No quisiera subir más que al segundo piso.

7. Quiero un cuarto que dé al jardin, asi estaré más tranquilo.

8. ¿ Tiene V. alguna pieza que dé al muelle, — á la calle, — al boulevard, — á la plaza, — á la mar, — al puerto ?

9. Veamos lo que V. tiene, despues hablaremos de precio.

10. Esta habitacion es muy linda y alegre.

11. Cet appartement est bien sombre.

11. Esta habitacion es muy oscura.

12. Vous ne pourriez pas supprimer cette pièce, car elle est bien grande pour moi?

12. ¿ No podria V. suprimir esta pieza ? es mucho para mí.

13. Voyez donc si vous ne pourriez pas me donner une pièce de plus : c'est un peu petit.

13. Déme V. una pieza más, esto es demasiado pequeño.

14. Dans tous les cas, vous pourriez mettre un lit dans cette pièce ?

14. ¿ En todo caso podria V. poner una cama en esta pieza ?

15. Je ne vois pas de difficulté à cela.

15. No veo inconveniente en ello.

16. Je m'occupe beaucoup de musique, ne pourriez-vous me procurer un piano ?

16. Me gusta mucho la música, ¿ podria V. proporcionarme un piano ?

17. Naturellement le prix de la location doit se compter à part.

17. Naturalmente se contará á parte el precio del alquiler.

18. Combien cela peut-il coûter environ ?

18. ¿ Cuánto puede costar ?

19. Pour en revenir au prix, faites en sorte de vous contenter de...

19. Volviendo al precio ya se contentará V. con....

20. Vous êtes si aimable, que je n'ose vous marchander.

20. Es V. tan amable que no me atrevo á regatear.

21. Je fais un sacrifice pour demeurer chez vous.

21. Hago un sacrificio con quedarme aquí.

22. Me sera-t-il permis de passer quelquefois la soirée avec votre famille?

22. ¿ Se me permitirá alguna vez pasar la noche con la familia de V.?

23. Je serai très-heureux de faire connaissance avec elle.

23. Me alegraré en el alma conocerla.

24. On m'a dit que mademoiselle votre fille était très-bonne musicienne.

24. Me han dicho que su hija de V. es gran música.

25. Monsieur votre fils est employé dans une maison de banque ?

26. Je serai très-heureux de ne pas me trouver isolé en pays étranger.

27. Le soir avez-vous un domestique qui veille jusqu'à ce que tout le monde soit rentré ?

28. Vous aurez alors la complaisance de me donner une clef de la porte d'entrée.

29. Il m'arrivera très-rarement de rentrer tard, mais il faut en avoir la possibilité.

30. N'avez-vous personne qui sache quelques mots de français ?

31. Ce serait un bonheur pour moi de rencontrer un compatriote.

32. Je serai forcé alors de me dépêcher d'apprendre votre langue.

33. C'est un mal pour un bien, je l'apprendrai plus vite.

34. Si vous voulez bien donner des ordres en conséquence, je viendrai dès demain habiter chez vous.

35. Voici le montant de la première quinzaine de ma pension.

36. Si vous le voulez bien, nous réglerons toujours ainsi.

25. Su hijo de V. está empleado en el banco.

26. Me felicitaré de no encontrarme aislado en país extranjero.

27. ¿ Hay criados que velen por la noche hasta que entre todo el mundo ?

28. ¿ Se servirá V. darme una llave de la puerta de la calle ?

29. Pocas veces entraré tarde ; pero bueno es poder hacerlo.

30. ¿ No hay nadie que sepa algo de francés ?

31. Me felicitaria de encontrar un compatriota.

32. Entónces tendré que apresurarme á aprender la lengua de V.

33. No hay mal que por bien no venga : asi le aprenderé más pronto.

34. Si V. quiere dar las órdenes oportunas vendré desde mañana á habitar esta casa.

35. Aquí está el precio de la primera quincena d e mi pension.

36. Si V. quiere siempre pagaré así.

37. Causons maintenant du prix.

38. Louez-vous pour huit jours, — pour quinze jours, — pour un mois ?

39. Quel prix demandez-vous ?

40. Le service est-il compris dans ce prix ?

41. Nous louons ici pour toute une saison, cela mérite considération.

42. Votre prix est exagéré, nous ne pourrons jamais nous entendre.

43. Je le regrette, car la maison me plaisait beaucoup.

44. Voyons, ne pouvez-vous diminuer quelque chose ?

45. Vous êtes vraiment raide.

46. Voilà ce que je puis mettre, c'est à prendre ou à laisser.

47. C'est une affaire entendue.

48. J'ai différentes petites choses à vous réclamer, relativement au mobilier.

49. Je vous ferai observer qu'il manque ici plusieurs choses indispensables.

50. Si vous voulez, nous allons en faire une petite liste.

51. Vous me donnerez : — deux flambeaux, — pelle, — pincettes, — soufflet, — un

37. Hablemos ahora de precio.

38. ¿ Alquila V. por ocho, — por quince dias, — por un mes ?

39. ¿ Qué precio pide V.?

40. ¿ Se comprende el servicio en el precio ?

41. Alquilamos por toda la estacion, eso merece consideracion.

42. El precio es exagerado, jamás podremos entendernos.

43. Lo siento porque me gustaba la casa.

44. Vamos rebaje V. algo.

45. Es V. intratable.

46. Esto puedo pagar, diga V. si ó no.

47. Es cosa convenida.

48. Tengo que reclamar algunas cosillas, respecto á muebles.

49. Aqui faltan varias cosas indispensables.

50. Si V. quiere haremos una lista.

51. Me dará V.: dos candeleros, — paleta — tenazas, — fuelle, — un cubo para el

scau pour mettre le charbon.

52. Un second matelas, — une couverture,— un oreiller, — un bon fauteuil, — deux chaises, — un petit tabouret, — un crachoir.

Un pot à eau.

Une seconde cuvette.

Un seau pour jeter les eaux.

Une lampe.

Une veilleuse.

Une bouillotte.

Une chaufferette.

53. Pour la nourriture, de quelle manière peut-on s'arranger ?

54. Avez-vous une table d'hôte ?

55. A quelle heure est-elle ?

56. Vous n'y recevez sans doute que les personnes de la maison et quelques habitués ?

57. De quel prix est-elle ?

58. J'y trouverai sans doute des personnes avec lesquelles je pourrai faire société ?

59. Ce que vous me dites me fait grand plaisir, j'en profiterai certainement.

60. Je voudrais voir le domestique chargé du service.

61. S'il est complaisant, je ne l'oublierai pas.

62. N'avez-vous pas une femme de chambre ?

carbon.

52. Otro colchon, — una manta, — una almohada, — un buen sillon, — dos sillas, — un taburete — una escupidera.

Una jarra.

Otra palancana.

Un cubo para echar el agua.

Un quinqué.

Una lamparilla.

Una cafetera para calentar el agua.

Un braserillo.

53. ¿ Cómo nos arreglarémos para la comida ?

54. ¿ Tiene V. mesa redonda ?

55. ¿ Á qué hora ?

56. ¿ Sin duda no admitirá V. en ella más que á los huéspedes y á algunos parroquianos ?

57. ¿ Cuánto cuesta ?

58. ¿ Habrá personas con quienes poder relacionarse?

59. Me agrada lo que V. dice : seguramente lo aprovecharé.

60. Quisiera ver al criado que sirve.

61. No le olvidaré si él es complaciente.

62. ¿ No tiene V. doncella ?

63. C'est beaucoup plus commode pour une dame.

64. Il y a un concierge dans la maison ?

65. Si vous n'en avez pas, comment fait-on pour rentrer le soir ?

66. Vous dites que vous donnez une clef à chaque locataire.

67. L'escalier est-il éclairé le soir ? jusqu'à quelle heure les domestiques attendent-ils ?

68. C'est bien suffisant.

69. Si tout le monde était couché, montrez-moi où je trouverais la clef.

70. Indiquez-moi les cabinets d'aisances.

III. Pour louer une chambre.

1. Avez-vous une chambre meublée ?

2. A quel étage est-elle ?

3. On m'a dit que vous aviez des chambres à louer.

4. Pouvez-vous m'en faire voir ?

5. Voulez-vous avoir la bonté de m'en faire voir ?

6. La pièce est assez grande, — bien petite.

7. Cette pièce me conviendrait assez.

8. Vous n'en avez pas à l'étage de dessus ?

63. Es mucho más cómodo para una señora.

64. ¿ Hay un portero en la casa ?

65. Si no le hay, ¿ cómo se arreglan para entrar por la noche ?

66. Dice V. que cada huésped tiene una llave.

67. ¿ Está alumbrada la escalera por la noche ? ¿ Hasta qué hora esperan los criados ?

68. Basta.

69. Enséñeme V. en donde se encuentra la luz cuando todos están acostados

70. Enséñeme V. el retrete.

III. Para alquilar un cuarto.

1. ¿ Tiene V. un cuarto amueblado ?

2. ¿ En qué piso está ?

3. Me han dicho que tiene V. cuartos que arrendar.

4. ¿ Puede V. enseñármelos ?

5. ¿ Tiene V. la bondad de enseñármelos ?

6. La pieza es bastante grande, — bien pequeña.

7. Esta pieza me convendria bastante.

8. ¿ No tiene V. en el piso de encima ?

9. Il me serait indifférent de monter plus haut.

9. Me seria indiferente subir más.

10. Quel prix demandez-vous de cette chambre ?

10. ¿ Cuánto cuesta el cuarto ?

11. Quel est le prix par semaine, par mois ?

11. ¿ Cuanto cuesta por semana, por mes ?

12. Le service est compris, bien entendu?

12. ¿ El servicio está comprendido en el precio ?

13. Je suis une personne tranquille, je viens habiter votre ville pour apprendre la langue et jè resterai long-temps, traitez-moi en conséquence.

13. Soy una persona tranquila, vengo á vivir en esta ciudad para aprender la lengua y permaneceré en ella largo tiempo : tráteme V. en consecuencia.

14. Diminuez-moi ceci, et c'est une affaire conclue.

14. Rébaje V. esto, y está hecho el negocio.

15. Auriez-vous un endroit de débarras, où je pourrais mettre mes malles vides, pour ne pas les avoir dans la chambre ?

15. ¿ Tiene V. un cuarto oscuro donde dejar mis baules despues de desocupados, para no tenerlos en mi cuarto?

16. La cheminée va-t-elle bien? Je suis très-frileux.

16. ¿ Está corriente la chimenea ? soy muy sensible al frio.

17. Je vous demanderai un bon fauteuil et une table plus grande sur laquelle je puisse travailler.

17. Quisiera un buen sillon y una mesa más grande para poder trabajar.

18. Pourriez-vous, au besoin, me faire mon déjeuner du matin ?

18. En caso necesario ¿ podrán hacerme el desayuno ?

19. Voici ce que je désirerais :

19. Esto es lo que yo desearia.

20. Une tasse de café au lait;

20. Una taza de café con leche.

21. Une tasse de chocolat avec un petit pain.

21. Una jícara de chocolate con panecillo.

22. Une tasse de thé avec du pain et du beurre.

22. Una taza de té con pan y manteca.

23. Combien me prendrez-vous pour cela par semaine?

24. Je vais m'occuper de faire apporter mes malles, ayez la complaisance de donner un coup d'œil et de veiller à ce que la chambre soit prête lorsque je vais revenir.

23. ¿ Cuánto me cobrará V. por esto... cada semana?

24. Vóyme para que traigan los baules; sírvase V. echar un vistazo y cuidar de que esté listo el cuarto para cuando vuelva.

IV. Objets d'ameublement.

IV. Ajuar de una casa.

1. Voici la liste des meubles et menus objets qui se trouvent dans l'appartement que vous me louez.

2. Si vous voulez, nous allons la vérifier.

3. Nous commençons par le lit; il est en acajou — en palissandre.

4. Il y a un sommier élastique — une paillasse — un lit de plume — deux matelas — une couverture de laine — une couverture de cotón — un couvre-pied — un édredon — un traversin — deux oreillers.

5. Une table de nuit — je vous ferai remarquer que le marbre en est cassé — un vase de nuit.

6. Vous m'en donnerez un autre; l'anse de celui-ci est cassée.

7. Un tapis servant de descente de lit.

1. He aquí la lista de los muebles y otros objetos que se encuentran en la habitacion que V. me arrienda.

2. Los examinaremos, si V. gusta.

3. Empecemos por la cama; es de caoba — de palorosa.

4. Hay un colchon de muelles — un jergon — un colchon de pluma — otros dos de lana — una manta de lana — otra de algodon — una colcha — un almohadon — una cabecera — dos almohadas.

5. Una mesa de noche — note V. que tiene el mármol roto — un bañado.

6. Déme V. otro, este tiene el asa rota.

7. Una alfombra que sirve de rodapié.

8. Une commode; je ne vois pas la clef des tiroirs.

9. Un guéridon — deux fauteuils.

10. Vous voyez que l'étoffe est loin d'être fraîche.

11. Quatre chaises.

12. Une toilette; la glace est fêlée.

13. Cuvette et pot à eau, ainsi que les accessoires, verre, boîte à savon, etc.

14. Passons au salon.

15. Un canapé — un piano — quatre fauteuils — un grand tapis.

16. Une pendule.

17. Je vous serai obligé de la faire aller.

18. Une table à jeu.

19. Deux flambeaux; il n'y a pas de bobèches.

20. Pelle — pincettes — chenets.

21. Maintenant voyons la salle à manger.

22. Le buffet est en chêne — en acajou. Je vous demanderai une toile cirée pour la table à manger.

23. La vaisselle est sans doute dedans?

24. Assiettes plates — assiettes creuses — assiettes à dessert — soupières — hors-d'œuvre — compotiers — légumiers — verres — verres à bordeaux — à hcampagne — carafes —

8. Una cómoda; no veo la llave de los cajones.

9. Un velador — dos sillones.

10. Bien ve V. que la tela no es nueva.

11. Cuatro sillas.

12. Un tocador; el espejo está hendido.

13. Palancana, jarra y accesorios, vaso, caja de jabon, etc.

14. Pasemos á la sala.

15. Un canapé — un piano — cuatro sillones — una alfombra grande.

16. Un reloj de chimenea.

17. Sírvase V. darle cuerda.

18. Una mesa de juego.

19. Dos candelabros; no tienen arandelas.

20. Paletas — tenazas — morillos.

21. Veamos ahora el comedor.

22. El aparador es de encina — de caoba. Pediré á V. un hule para la mesa de comer.

23. Sin duda está dentro la vajilla?

24. Platos lisos — hondos — de postre — sopera — platillos — compoteras — para legumbres — vasos — copas de vino — de champagne — botellas — cucharon — cucharas — tenedo-

cuillers à potage — cuillers —fourchettes — couteaux — couverts à dessert.

25. Est-ce en argent ou en plaqué ?

26. Cafetière — théière — tasses à thé — tasses à café.

27. Je trouve tout cela bien complet.

28. Finissons par la cuisine — casseroles — marmites — bouillottes — boîte au lait — fourneaux — fontaine.

29. Je vois que vous êtes habitué à monter un ménage.

30. Voici encore une bassinoire — une chaufferette — tire-bouchon — sonnette — table de cuisine — tamis — filtre à café — bougeoir — lampe.

31. Rien n'y manque; je vous en fais compliment.

32. Je n'ai qu'à approuver cet état, et nous le vérifierons de nouveau lorsque je quitterai d'ici.

V. Pour se mettre en pension bourgeoise.

1. On m'a recommandé votre maison, madame, comme recevant quelques pensionnaires.

2. Le bien que l'on m'a dit de vous et de votre famille

res — cuchillos — cubiertos de postre.

25. ¿ Son de plata ó de plaqué ?

26. Cafetera — tetera — taza de té — de café.

27. Lo encuentro todo muy completo.

28. Concluyamos por la cocina — cacerolas — ollas — vasijas — jarrita de leche — hornillos — fuente.

29. Veo que sabe V. amueblar una casa.

30. Todavía falta un calentador — una estufilla — saca-corchos — campanilla — mesa de cocina — tamiz —filtro para café — palmatoria — quinqué.

31. Perfectamente, doy á V. la enhorabuena.

32. Solo me queda ya firmar la nota, y volverla á compulsar cuando me marche.

V. Para entrar en una casa de huéspedes.

1. Me han recomendado la casa de V., señora, que admite huéspedes.

2. Las buenas ausencias que de V. y su familia me

me fait désirer vivement d'être votre pensionnaire.

3. Je sais que vous n'avez que quelques personnes et que l'on retrouve chez vous la vie de famille.

4. Je vous suis recommandé par M. X. qui a bien voulu me donner cette lettre pour vous.

5. Mon ami sera flatté du bon souvenir que vous avez conservé de lui.

6. Je suis ici pour plusieurs mois ; je suis venu pour apprendre votre langue.

7. Je compte passer ici toute la saison d'hiver (ou d'été).

8. Causons maintenant de choses sérieuses.

9. Quel est le prix de votre pension ?

10. C'est plus que vous ne demandiez à M. X...

11. Dans ce prix vous comprenez le local et le service.

12. Le déjeuner et le dîner.

13. Comme je me lève très-souvent fort tard, pourrai-je me faire servir le déjeuner dans ma chambre ?

14. De quoi votre déjeuner se trouve-t-il composé ?

han hecho, hacen que desee vivamente ser también su huésped.

3. Sé que recibe V. pocas personas y que en su casa se vive como en familia.

4. Me recomienda el Sr. X. quien se ha servido darme esta carta para V.

5. Muy satisfecho debe estar mi amigo por el buen recuerdo que V. conserva de él.

6. Pararé aquí algunos meses ; vengo á aprender la lengua.

7. Pararé aquí toda la estacion del invierno (ó del verano).

8. Hablemos ahora de cosas formales.

9. ¿ Cuanto cuesta la pension ?

10. Es más de lo que llevaba V. al Sr. X...

11. En ese precio está comprendida la casa con el servicio.

12. El almuerzo y la comida.

13. Como muchas veces me levanto muy tarde, ¿ podria V. mandar que me sirviesen el almuerzo en mi cuarto ?

14. De qué consta el almuerzo ?

15. Un plat de viande froide ou des œufs, puis une tasse de thé ou de café au lait.

16. C'est parfaitement suffisant.

17. Maintenant, veuillez me montrer la chambre que vous me destinez.

18. Il faut avoir de bonnes jambes pour y arriver.

19. Elle est assez gaie et pourra me convenir.

20. Les pièces sont assez belles.

21. Y a-t-il d'autres chambres dépendant de cet appartement?

22. Votre salon est pauvrement meublé.

23. Nous n'avons pas vu la cuisine.

24. Les chambres de domestique sont-elles dans l'appartement?

25. Il est incommode de n'en pas avoir un au moins sous la même clef.

26. Cet appartement est un peu trop grand; n'avez-vous rien de plus petit?

27. Vous me dites que vous en avez un autre au second, montons le voir.

28. Il est bien petit, mais il est fraîchement décoré.

29. La vue est magnifique.

15. De un plato de carne fiambre ó huevos, y una taza de té ó de café con leche.

16. Es lo bastante.

17. Ahora ¿ se servirá V. enseñarme el cuarto?

18. Se necesitan buenas piernas para llegar á él.

19. Es bastante alegre y me convendrá.

20. Las piezas son hermosas.

21. ¿ Hay otros cuartos dependientes de esta habitacion?

22. El salon está pobremente amueblado.

23. No hemos visto la cocina.

24. ¿ Están en el mismo piso los cuartos de los criados?

25. Es incómodo no tener al ménos uno bajo la misma llave.

26. Esta habitacion es algo grande, ¿ no la tiene V. más pequeña?

27. Me dice V. que hay otra en el segundo piso, subamos á verla.

28. Es mucho más pequeña; pero acaban de pintarla.

29. La vista es magnífica.

30. Le salon n'est pas grand, mais je m'en contenterai.

31. Ah! voici un piano.

32. Il a grand besoin d'être accordé.

33. C'est une question de détail si nous nous entendons pour le reste.

34. Montrez-moi la chambre à coucher.

35. Le lit est bien étroit.

36. Il est impossible d'y coucher deux.

37. Pouvez-vous me le changer ?

38. Pouvez-vous mettre dans cette alcôve deux lits jumeaux ?

39. Vos matelas sont de véritables galettes.

40. Je vous en demanderai un de plus.

41. J'aime à avoir la tête très-haute.

42. Il me faudra un oreiller.

43. Vous dites que ce n'est pas la coutume du pays, mais cela m'est égal.

44. Je m'arrange d'abord suivant mes habitudes.

45. Vous fournissez le linge, naturellement ?

30. La sala no es grande, pero me agrada.

31. Ah! tenemos un piano.

32. Necesita mucho que le templen.

33. Eso es un detalle si nos entendemos respecto á lo demas.

34. ¿ Á ver el cuarto de dormir ?

35. Muy estrecha es la cama.

36. No caben dos en ella.

37. ¿ Puede V. cambiármela ?

38. ¿ Puede V. poner en esta alcoba dos camas iguales ?

39 ¡ Los colchones son de piedra !

40. Pediré otro más.

41. Me gusta tener alta la cabeza.

42. Necesitaré una almohada.

43. Dice V. que esa no es la costumbre del país ; pero no importa.

44. Yo me acomodo desde luego segun mis hábitos.

45. ¿ Naturalmente da V. la ropa blanca ?

VI. Pour se lever et s'habiller.

(Toilette d'homme.)

1. Qui est là ? — entrez !

2. La clef est à la porte.
3. Apportez-moi de l'eau chaude.
4. Où sont mes pantoufles ?
5. Donnez-moi mes chaussettes, mon caleçon.
6. Mon pantalon n'a pas été brossé.
7. Allez prier la bonne de me coudre un bouton à ce pantalon.
8. La blanchisseuse a-t-elle rapporté mon linge ?
9. Il manque une paire de chaussettes et un gilet de flanelle.
10. Où est ma robe de chambre — mon gilet — ma redingote ?
11. J'ai oublié de mettre mes bottines à la porte, et elles ne sont pas faites.
12. Allez leur donner un petit coup.
13. Quel temps fait-il?froid ou chaud ?
14. Faut-il prendre un pardessus et un parapluie ?
15. Depuis que je suis dans votre ville j'ai constamment vilain temps — constamment beau temps.

VI. Al levantarse y vestirse.

(Traje de hombre.)

1. Quién está ahí ? — adelante.

2. La llave está puesta.
3. Traígame V. agua caliente.
4. ¿ Dónde están mis pantuflos ?
5. Deme V. los calcetines, los calzoncillos.
6. No han cepillado mi pantalon.
7. Ruegue V. á la criada que me pegue un boton al pantalon.
8. ¿ Me ha traido la planchadora la ropa ?
9. Falta un par de calcetines y una almilla de franela.
10. ¿ Dónde está la bata — el chaleco — la levita ?
11. Olvidé poner las botas á la puerta, y están por limpiar.
12. Páselas V. el capillo.
13. ¿ Qué tiempo hace ? ¿ frio ó calor ?
14. ¿ Se necesita llevar sobretodo y paraguas ?
15. Desde que estoy en esta ciudad hace mal tiempo — siempre buen tiempo.

VII. Toilette d'une dame.

1. Vous allez allumer mon feu.
2. Préparez toutes mes affaires.
3. Donnez-moi mes bas — mes jarretières.
4. Où sont mes pantoufles?
5. Apportez-moi de l'eau chaude — de l'eau froide.
6. Nettoyez la cuvette.

7. Donnez-moi d'autres serviettes?
8. Où est mon peignoir — mon jupon?
9. Vous allez me coiffer.
10. Allez doucement.
11. Faites donc attention, vous tirez trop fort. Faites deux nattes — des rouleaux — des bandeaux.
12. Coiffez-moi comme hier.
13. Donnez-moi mon corset.
14. Le lacet est cassé, mettez-en un autre.
15. Mon pantalon — ma crinoline — mon jupon empesé.
16. Ma robe de laine — de soie.
17. Ma jupe noire.
18. Mon corsage de velours.

VII. Tocado de una señora.

1. Encienda V. la chimenea.
2. Prepare V. los bártulos.
3. Deme V. las medias — las ligas.
4. ¿ Y mis zapatillas ?
5. Tráigame V. agua caliente — agua fria.
6. Limpie V. la palancana.

7. Deme V. otra tohalla.

8. ¿ En dónde está mi peinador — la enagua ?
9. Péineme V.
10. Con mesura.
11. Cuidado, que me tira V. mucho — haga V. dos trenzas — rollos — bandrs.
12. Péineme V. como ayer.
13. Deme V. el corsé.
14. Se rompió el cordon, ponga V. otro.
15. Los pantalones — la crinolina — la enagua almidonada.
16. El vestido de lana — de seda.
17. La falda negra.
18. El cuerpo de terciopelo.

19. Attachez-moi ce ruban.

19. Préndame V. esta cinta.

20. Essuyez mes bottines — mes caoutchoucs — mes souliers — mes brodequins.

20. Límpieme V. los botitos — los chanclos — los zapatos — los borceguíes.

21. Mon mouchoir.

21. Mi pañuelo.

22. Des manchettes.

22. Puños.

23. Mes boucles d'oreilles.

23. Los pendientes.

24. Un médaillon.

24. El medallon.

25. Une broche.

25. Una brocha.

26. Un chapeau.

26. Un sombrero.

27. Un voile.

27. Un velo.

28. Des épingles.

28. Alfileres.

29. Une aiguille et du fil.

29. Una aguja con hilo.

30. Une pelote.

30. Un ovillo de hilo.

31. Un dé.

31. Un dedal.

32. Un cordon.

32. Un cordon.

33. Un manchon.

33. Un manguito.

34. Une palatine.

34. Una palatina.

35. Un manteau.

35. Un abrigo.

36. Un pardessus.

36. Un sobretodo.

VIII. Se coucher.

VI. Para acostarse.

1. Il est temps de rentrer.

1. Es tiempo de volver á casa.

2. Il est l'heure de se coucher.

2. Es hora de acostarse.

3. Je suis fatigué de ma journée, je vais me mettre au lit.

3. Estoy cansado del dia, me voy á acostar.

4. Permettez-moi de vous quitter, je suis très-fatigué.

4. Permítame V. retirarme, estoy muy fatigado.

5. Veuillez me donner une bougie.

5. Sírvase V. darme una bugía.

6. Donnez-moi la clef de ma chambre.

6. Déme V. la llave del cuarto.

7. Vous me réveillerez demain à sept heures.

7. Despiérteme V. mañana á las siete.

8. Fermez les volets.

8. Cierre V. las persianas.

9. Avez-vous un tire-bottes?

9. ¿ Tiene V. un sacabotas ?

10. Emportez mes chaussures.

10. Llévese V. mi calzado.

11. Mettez-les sur le fourneau de la cuisine, elles sont toutes mouillées.

11. Póngale V. sobre el hornillo de la cocina, está muy mojado.

12. Faites attention de ne pas les brûler.

12. Cuide V. que no se queme.

13. Recommandez que l'on ne mette pas de cirage sur mes bottines.

13. Recomiende V. que no unten mis botas.

14. Elles sont en chevreau et n'en ont pas besoin.

14. No lo necesitan, son de cabra.

15. Priez la femme de chambre de me raccommoder ce petit accroc.

15. Diga V. á la doncella que me cosa este siete.

16. Qu'elle le fasse ce soir afin que je puisse mettre demain ce vêtement.

16. Que lo haga esta noche, para poderme poner el vestido mañana.

17. Montez-moi quelques allumettes.

17. Súbame V. unas pajuelas.

18. Vous pouvez vous retirer. Bonsoir.

18. Puede V. retirarse. Buenas noches.

Une dame.

Una señora.

19. Voulez-vous m'envoyer la femme de chambre ?

19. ¿ Quiere V. enviarme una doncella ?

20. Aidez-moi à me déshabiller.

20. Ayúdeme V. á desnudarme.

21. Allumez une seconde bougie, je ne vois pas assez clair.

21. Encienda V. otra bugia; no veo bastante.

22. Faites ma couverture.

22. Prepare V. la cama.

23. Dégrafez ma robe — mon corsage.

23. Desabrócheme V. el vestido — el cuerpo.

24. Ayez soin de mettre toutes mes affaires en ordre.

24. Póngalo V. todo en órden.

25. Ne laissez rien traîner sur les chaises.

25. No deje V. nada en las sillas.

26. Bassinez mon lit, il est humide.

26. Caliente V. la cama, está húmeda.

27. Je voudrais une boule d'eau chaude.

27. Quisiera una botella de agua caliente.

28. Remontez la tête de mon lit.

28. Levante V. la cabecera de la cama.

29. Procurez-moi un édredon.

29. Procúreme V. un almohadon.

30. Donnez-moi un verre d'eau sucrée.

30. Déme V. un vaso de agua con azúcar.

31. Je voudrais une veilleuse.

31. Quisiera una lamparilla.

32. Si j'ai besoin de vous, je vous sonnerai.

32. Si la necesito á V. llamaré.

CHAPITRE III

DE LA NOURRITURE

I. Déjeuner à l'hôtel.

I. Almuerzo en la fonda.

1. A quelle heure servez-vous le déjeuner?

1. ¿ 'A qué hora se almuerza ?

2. Je voudrais prendre quelque chose avant le déjeuner de table d'hôte.

2. Quisiera tomar algo ántes del almuerzo de mesa redonda.

3. Vous n'avez pas de table d'hôte pour le déjeuner ?

3. ¿ No hay mesa redonda para almorzar ?

4. Vous n'avez pas de déjeuners à la carte ?

5. Pouvez-vous nous faire servir dans notre chambre ?

6. Faut-il descendre à la salle à manger ?

7. Indiquez-moi la salle à manger.

8. Vous préviendrez lorsque le déjeuner sera prêt.

9. Je vais sonner pour savoir si le déjeuner est servi.

10. Je désire déjeuner, que pouvez-vous me donner ?

11. Une tasse de café au lait.

12. Redonnez-moi du lait — du café — du sucre.

13. Une grande cuillère, je vous prie.

14. Avez-vous du beurre frais ?

15. Une tasse de thé — de chocolat.

16. Ce café est détestable.

17. Ce chocolat est trop épais.

18. Le thé est trop fort, donnez-moi de l'eau chaude.

19. Passez-moi le sucrier.

20. Remettez du sucre dans le sucrier.

21. Donnez-moi un couteau.

22. Servez-nous des œufs sur le plat — à la coque —

4. ¿ No tiene V. almuerzos á la carta ?

5. ¿ Puede V. servirnos en nuestro cuarto ?

6. ¿ Hay que bajar al comedor ?

7. Enséñeme V. el comedor.

8. Avise V. cuando esté listo el almuerzo.

9. Llamaré para saber si han servido el almuerzo.

10. Quiero almorzar, ¿ qué me dará V. ?

11. Una taza de café con leche.

12. Déme V. más leche — café — azúcar.

13. Sírvase V. darme una cuchara grande.

14. ¿ Tiene V. manteca fresca ?

15. Una taza de café — una jícara de chocolate.

16. Este café es detestable.

17. El chocolate está muy espeso.

18. El té es muy fuerte, déme V. agua caliente.

19. Páseme V. la azucarera.

20. Ponga V. más azúcar en la azucarera.

21. Déme V. un cuchillo.

22. Sírvame V. huevos estrellados — pasados por

bien cuits — très-peu cuits.

23. Cet œuf n'est pas frais, donnez-m'en un autre.

24. Passez-moi le sel.

25. Une petite cuillère, je vous prie.

26. Servez-nous de la viande froide.

27. Un morceau de rosbif — de jambon — de charcuterie — de mortadelle — de saucisson — de fromage.

28. Je n'aime pas à faire un déjeuner froid.

29. Servez-moi un bifteck aux pommes.

30. Il est beaucoup trop cuit.

31. Faites-le recuire un peu.

32. Avez-vous des côtelettes de mouton ?

33. Donnez-moi des petits artichauts à la poivrade.

34. Passez-moi l'huile — le vinaigre — le sel — le poivre — la moutarde — le piment.

35. Pouvez-vous après cela nous donner des légumes ?

36. Quels légumes avez-vous ?

37. Donnez-nous des pommes de terre — des haricots.

38. Je préfère une omelette aux fines herbes — au lard — au jambon — aux confitures — au rhum.

39. Qu'avez-vous comme dessert ?

agua — bien cocidos — poco cocidos.

23. Este huevo no es fresco, déme V. otro.

24. Páseme V. la sal.

25. Tenga V. la bondad de darme una cucharita.

26. Sírvanos V. carne fiambre.

27. Un pedazo de jamon — de rosbif — de puerco —. de morcilla — de salchichon — de queso.

28. No me gusta almorzar frio.

29. Sírvame V. un biftek con patatas.

30. Está muy asado.

31. Que lo asen más.

32. ¿ Tiene V. chuletas de carnero ?

33. Déme V. alcachofitas con pebre.

34. Páseme V. el aceite — el vinagre — la sal — la pimienta — la mostaza — el pimiento.

35. ¿ Puede V. despues darnos legumbres ?

36. ¿ Qué legumbres hay ?

37. Dénos V. patatas — alubias.

38. Prefiero una tortilla — de yerbas — con tocino — con jamon — en dulce — con ron.

39. ¿ Qué postre tiene V. ?

40. Un morceau de fromage me suffira.

40. Me basta un poco de queso.

41. N'avez-vous pas d'autre fromage ?

41. ¿ No hay otro queso ?

42. Celui-ci est beaucoup trop fort.

42. Este es muy fuerte.

43. Donnez-moi une tasse de café noir.

43. Déme V. una taza de café puro.

44. Apportez-moi de l'eau-de-vie.

44. Tráigame V. aguardiente.

45. Vous mettrez ce déjeuner sur ma note.

45. Póngame V. en cuenta el almuerzo.

46. Donnez-moi l'addition.

46. Déme V. la cuenta.

47. Apportez-moi aussi la carte.

47. Tráigame V. tambien la lista.

48. Pourquoi me comptez-vous ceci... tandis que vous le portez... sur la carte ?

48. ¿ Porqué me cuenta V. esto... cuando el precio de la lista es de... ?

49. Qu'est-ce que cela ?

49. ¿ Y qué es esto ?

50. Je n'ai pas touché au beurre, diminuez-le.

50. No he tocado á la manteca ; disminúyala V.

II. Diner.

II. Comida.

1. A quelle heure le dîner ?

1. ¿ 'A qué hora es la comida ?

2. De combien est le dîner ? Est-ce avec ou sans vin ?

2. ¿ Cuánto es la comida ? ¿ Con vino ó sin él ?

3. Le vin se paye-t-il à part ?

3. ¿ Se paga á parte el vino ?

4. Combien comptez-vous la bouteille ?

4. ¿ Cuánto es la botella ?

5. Peut-on boire de la bière ?

5. ¿ Se puede beber cerbeza ?

6. Devrai-je vous prévenir lorsque je dinerai ?

6. ¿ Tendré que prevenir cuando coma ?

7. Il faudra vous prévenir lorsque je ne dinerai pas ?

7. ¿ Será preciso prevenir cuando no coma ?

8. Vous me réserverez deux places.

8. Me reservará V. dos cubiertos.

9. A quel endroit de la table me mettrez-vous ?

9. En qué sitio de la mesa me pondrá V. ?

10. Si vous avez des voyageurs anglais — italiens, je vous serai obligé de me mettre près d'eux.

10. Si hay viajeros ingleses — italianos, agradeceré á V. me ponga á su lado.

11. Si ces places ne sont pas occupées, je les préférerais.

11. Prefiero estos asientos si no están ocupados.

12. Vous mettrez une boule d'eau chaude à la place de madame.

12. Ponga V. una botella de agua caliente en el sitio de esta señora.

13. Avez-vous toujours beaucoup de monde à votre table d'hôte ?

13. ¿ Está siempre muy concurrida la mesa redonda ?

14. Que je mette ma montre à l'heure sur celle de l'hôtel pour être exact.

14. Pondré el reloj á la hora por el de la fonda para ser exacto.

III. A table d'hôte.

III. En mesa redonda.

1. Ce potage est excellent — détestable.

1. Esta sopa es excelente — detestable.

2. Redonnez-moi du potage.

2. Déme V. más sopa.

3. Passez-moi les hors-d'œuvre.

3. Páseme V. los rábanos.

4. Je vois dans un hors-d'œuvre quelque chose que je connais pas ; veuillez m'en passer.

4. Veo entre los platillos una cosa que no conozco, pásemela V.

5. Le service se fait très-lentement.

5. El servicio es muy pesado.

6. Voulez-vous me permettre de vous offrir... ?

6. ¿ Me permite V. ofrecerle.... ?

7. Merci — je n'en prendrai pas.

7. Gracias, no tomo.

8. J'en aurai beaucoup trop.

8. Tendré demasiado.

9. Vous ne prenez presque rien.

9. No toma V. casi nada.

10. J'ai beaucoup de peine à me faire à la nourriture de ce pays.

10. Me cuesta mucho acostumbrarme á los alimentos de este país.

11. La grande fatigue m'ôte l'appétit.

11. El exceso de fatiga me quita el apetito.

12. Cette viande est très-bonne — très-dure.

12. Esta carne es muy buena — muy dura.

13. Un peu de pain, je vous prie.

13. ¿ Deme V. un poco de pan, si gusta.

14. Passez-moi la salade.

14. Páseme V. la ensalada.

15. Elle est trop vinaigrée, donnez-moi l'huile.

15. Fiene demasiado vinagre, déme V. el aceite.

16. L'huile est détestable.

16. El aceite es detestable.

17. Auriez-vous, monsieur, la bonté de me passer le beurre qui est devant vous?

17. Caballero, sírvase V. pasarme la manteca que tiene delante.

18. Mille remerciements.

18. Mil gracias.

19. Voulez-vous que je vous offre des olives ?

19. ¿ Gusta V. aceitunas ?

20. Garçon, servez-moi la fricassée de poulet — les perdrix aux choux.

20. Mozo, sírvame V. el pollo guisado — las perdices con coles.

21. Redonnez-moi une fourchette.

21. Déme V. otro tenedor.

22. Voilà trois fois que je vous demande du vin rouge, et vous me donnez du vin blanc.

22. Tres veces he pedido á V. vino tinto, y me dá vino blanco.

23. Vous offrirai-je une aile de ce poulet ?

23. ¿ Desea V. el ala de este pollo ?

24. Préférez-vous ce petit morceau de blanc ?

24. ¿ Prefiere V. este pedacito de pechuga?

25. Donnez-moi une. tran-che de gigot — bien saignant — bien cuit.

26. Je vous redemanderai un peu de rôti.

27. Ce rôti est excellent, vous en offrirai-je ?

28. Voulez-vous me donner un peu de pain?

29. Ce poisson est très-bon — n'est pas frais.

30. Passez-moi la sauce du poisson.

31. La sauce ne vaut rien.

32. Quelle grande table !

33. Nous sommes très-ser-rés.

34. Je suis confus, ma-dame, d'être obligé de vous gêner ainsi.

35. Le service est joli, et la table est bien ornée.

36. Le service se fait trop lentement.

37. Allons-nous bientôt être au dessert ?

38. Voulez-vous accepter du fromage ?

39. Merci beaucoup, je n'en prends jamais.

40. Ces fruits sont fort jolis.

41. Voulez-vous me per-mettre de vous offrir cette poire ?

42. Si vous le voulez bien, nous la partagerons.

25. Déme V. una reba-nada de pierna — poco — muy cocida.

26. Volveré á tomar un poco de asado.

27. Este asado es exce-lente ¿ gusta V. ?

28. Hágame V. el favor de un poco de pan.

29. Este pescado está muy bueno — no está fresco.

30. Páseme V. la salsa del pescado.

31. La salsa no vale nada.

32. ¡ Qué mesa tan grande!

33. Estamos muy apreta-dos.

34. Siento mucho, señora, tener que molestar á V. asi.

35. El servicio es hermoso y la mesa está bien ador-nada.

36. Se sirve muy despa-cio.

37. ¿ Nos darán pronto el postre ?

38. ¿ Gusta V. queso ?

39. Gracias, jamás lo tomo.

40. Estas frutas son muy lindas.

41. ¿ Me permite V. ofre-cerla esta pera ?

42. La partiremos si V. gusta.

43. Ces fruits ne sont pas aussi bons qu'ils en ont l'air.

43. Estas frutas no son tan buenas como parecen.

44. Veuillez me donner une assiette.

44. Sírvase V. darme un plato.

45. Donnez-moi un autre couteau.

45. Déme V. otro cuchillo.

46. Passez-moi cette assiette de gâteaux.

46. Déme V. aquel plato de pasteles.

47. Mettez de la glace dans mon verre.

47. Écheme V. hielo en el vaso.

48. Mettez cette bouteille de côté, vous me la redonnerez demain.

48. Sepáreme V. esta botella, me la volverá V. á dar mañana.

IV. Au restaurant.

IV. En la fonda.

1. Pouvez-vous nous servir à dîner?

1. ¿ Puede V. servirnos de comer ?

2. Je suis seul.

2. Soy solo.

3. Nous sommes deux — trois.

3. Somo dos — tres.

4. Avez-vous un cabinet — un petit salon?

4. ¿ Tiene V. un cuarto — un saloncito ?

5. Pouvons-nous monter au premier?

5. ¿ Podemos subir al primer piso ?

6. Servez-nous à cette table.

6. Sírvanos V. en esta mesa.

7. Qu'avez-vous à nous offrir?

7. ¿ Qué podemos tomar ?

8. Donnez-moi la carte.

8. Déme V. la lista.

9. Avez-vous des dîners à prix fixes?

9. ¿ Hay comidas á precio fijo ?

10. Que donnez-vous pour ce prix?

10. ¿ Qué dá V. por ese precio ?

11. Je préfère à prix fixe — à la carte.

11. Prefiero que sea á precio fijo — por la lista.

12. Voici la liste de ce que vous allez nous servir.

12. Hé aqui la lista de lo que nos va V. á servir.

13. Avez-vous d'autre pain que celui-ci ?

13. ¿ Tiene V. otro pan ?

14. Je voudrais du pain tendre — rassis.

14. Quisiera pan tierno — duro.

15. Plus cuit — moins cuit.

15. Más cocido — ménos cocido.

16. Servez-nous un potage — au riz — au gras — maigre — à l'oseille — au vermicelle — aux pâtes d'Italie — julienne.

16. Sirvanos V. sopa — de arroz — de puchero — de viernes — de acederas — de fideos — de pasta de Italia — de yerbas.

17. Servez-moi ce que vous avez de prêt.

17. Sirvanos V. lo que esté pronto.

18. Je n'aime pas à attendre.

18. No me gusta esperar.

19. Donnez-moi une tranche de melon.

19. Déme V. una tajada de melon.

20. Il est très-bon. — Il n'est pas assez mûr.

20. Es muy bueno. — No está bastante maduro.

21. Donnez-nous des hors-d'œuvre.

21. Déme V. platillos.

22. Apportez-moi une autre assiette (voyez à la table les divers plats, page...)

22. Tráigame V. otro plato. (Véase en la mesa los diferentes platos, página...)

23. Il y a une heure que je vous ai commandé le dîner, si vous ne nous servez pas, je pars.

23. Hace una hora que he pedido la comida, si no sirve V. me marcho.

24. Vous moquez-vous de moi de me faire attendre ainsi ?

24. V, se burla de mi haciéndome esperar así.

25. Ce bifteck n'est pas mangeable.

25. No se puede comer este biftek.

26. Ce poisson n'est pas frais, remportez-le.

26. Este pescado no está bueno, llevéselo V.

27. Quelle cuisine détestable !

27. ¡ Qué cocina tan detestable !

28. Apportez-moi un grand

28. Tráigame V. un cu-

couteau — une petite cuiller.

29. Si vous n'avez pas de côtelettes, donnez-moi autre chose.

30. Votre tête de veau est-elle bonne?

31. Qu'avez-vous en fait de gibier?

32. Je n'aime pas le gibier avancé.

33. Il faut que le gibier soit un peu faisandé.

34. Apportez-moi la carte des vins.

35. Peut-on prendre des demi-bouteilles?

36. Quel est le meilleur cru que vous ayez?

37. Servez-nous le dessert.

38. Qu'allez-vous nous donner pour dessert?

39. Servez-nous un fruit et du fromage.

40. Donnez-nous promptement le café.

41. Faites faire l'addition.

42. Avant de partir, je voudrais me laver les mains.

43. Indiquez-moi les cabinets d'aisances.

44. Donnez-moi un petit coup de brosse.

chillo grande — una cucharita.

29. Si no hay chuletas, déme V. otra cosa.

30. ¿ Es buena esa cabeza de ternera?

31. ¿ Qué aves hay?

32. No me gusta la caza rancia.

33. Es preciso que la caza esté un poco rancia.

34. Tráigame V. la lista de los vinos.

35. ¿ Se pueden tomar medias botellas?

36. ¿ Cual es el mejor vino que V. tiene?

37. Sírvanos V. el postre.

38. ¿ Qué nos dará V. de postre?

39. Sírvanos V. fruta y queso.

40. Dénos V. pronto el café.

41. Venga la cuenta.

42. 'Antes de marchar quisiera lavarme las manos.

43. Indíqueme V. el escusado.

44. Cepílleme V. un poco.

V. Diner en ville.

1. Veuillez m'excuser si je suis un peu en retard.
2. Je me suis perdu en route.
3. Voulez-vous me faire l'honneur d'accepter mon bras?
4. Ce potage est délicieux.
5. Comment appelez-vous ce potage?
6. Soyez assez bon pour me passer la salière.
7. Voici un poisson excellent.
8. Voulez-vous me permettre de vous offrir du vin?
9. Ce rôti est cuit à point.

10. Quoiqu'il soit délicieux, je ne puis en reprendre.
11. Mille pardons, je fais grand honneur à votre excellent repas.
12. Je ne suis pas d'un très-fort appétit.
13. Vous vous occupez beaucoup de vos convives, mais aucunement de vous.
14. Vous n'avez encore rien pris.
15. Comment appelez-vous ce gâteau? je n'en ai jamais mangé.

V. Comida fuera de casa.

1. Dispénseme V. si vengo algo tarde.
2. Me extravié.
3. ¿ Me hace V. el honor de aceptar el brazo?
4. Esta sopa es deliciosa.
5. ¿ Cómo llama V. á esta sopa?
6. Tenga V. la bondad de pasarme el salero.
7. Vaya un pescado excelente.
8. ¿ Me permite V. que le ofrezca vino?
9. Este asado está en sazon.
10. Aunque está delicioso no puedo repetir.
11. Dispénseme V., hago gran honor á su excelente comida.
12. No soy de gran apetito.
13. Se ocupa V. mucho de sus convidados y de sí nada.
14. Nada ha tomado V. todavía.
15. ¿ Cómo se llama ese pastel? jamás le he comido.

16. J'ai dîné pour plusieurs jours.

17. Vous avez fait beaucoup trop de cérémonie.

18. Vous aviez promis de me recevoir simplement, et vous n'en avez rien fait.

19. Vous avez une cave très-bien montée.

20. Permettez-moi de boire à la santé de madame.

21. Ces fruits sont-ils de votre jardin ?

22. Je n'en ai jamais vu d'aussi beaux.

23. Merci, je ne prends jamais de café.

24. Veuillez agréer tous mes remercîments pour votre gracieuse hospitalité.

25. Je serais très-heureux si une circonstance me permettait de vous recevoir chez moi.

26. Je n'oublierai pas l'agréable soirée que je viens de passer.

27. Malgré tout le plaisir que j'éprouve en votre agréable société, je vais vous demander la permission de me retirer.

16. He comido para dias.

17. Ha gastado V. mucha ceremonia.

18. Prometió V. tratarme con franqueza, y no ha sido asi.

19. Tiene V. una bodega muy bien provista.

20. Permita V. brindar á la salud de la señora.

21. ¿ Son estas frutas de la huerta de V. ?

22. Nunca los he visto mejores.

23. Gracias, jamás tomo café.

24. Un millon de gracias por tan amable hospitalidad.

25. Celebraré que alguna circunstancia me permita recibir á V. en mi casa.

26. Jamás olvidaré el buen rato que acabo de pasar.

27. Por mucho que me complazca en tan grata sociedad, pediré á V. permiso para retirarme.

VI. Dîner dans une auberge.

VI. Comida en una posada.

1. Pouvez-vous nous donner à manger ?

2. Pouvez-vous nous mettre dehors ?

1. ¿ Puede V. darnos de comer ?

2. ¿ Puede V. servirnos fuera ?

3. Nous allons porter cette table dans le jardin.

3. Llevaremos esta mesa al jardin.

4. Avez-vous une soupe quelconque?

4. ¿ Hay alguna sopa ?

5. Pouvez-vous nous faire une soupe au lait?

5. ¿ Nos hará V. unas sopas de leche ?

6. Je vais voir à la cuisine ce qu'il y a.

6. Voy á ver lo que hay en la cocina.

7. Vous pouvez bien nous faire cuire un poulet.

7. Ya nos cocerá V. un pollo.

8. Mettez-nous ce canard à la broche.

8. Ponga V. este pato al asador.

9. Vous nous ferez avec cela une omelette au lard — au jambon.

9. Además nos dará V. una tórtilla con tocino — con jamon.

10. Puis une salade et un morceau de fromage.

10. Despues una ensalada y un pedazo de queso.

11. Nous allons faire un tour pendant que vous allez préparer le dîner.

11. Daremos una vuelta miéntras preparan la comida.

12. Dans combien de temps cela sera t-il prêt?

12. ¿ En cuánto tiempo estará eso pronto ?

13. Vous nous mettrez le couvert à cette table — dehors — dans le jardin — près de cette fenêtre.

13. Pondrá V. el cubierto en esta mesa — fuera — en el jardin — junto á esta ventana.

14. Si vous êtes prêt, mettons-nous à table.

14. Si está pronto, sentémonos á la mesa.

15. Il paraît qu'il n'y a pas de serviettes.

15. Por lo visto no hay servilletas.

16. Voulez-vous nous essuyer les assiettes?

16. Enjugue V. los platos.

17. Il ne faut pas être difficile pour trouver cela bon.

17. No hay que ser dificil si ha de gustar esto.

18. Ce vin n'est pas mauvais, mais il peut se boire pur.

18. No es malo este vino, mas puede beberse puro.

19. J'aime mieux boire de l'eau que ce vin-là.

19. Prefiero el agua á ese vino.

20. Ce poulet est tellement dur que j'ai peur de casser l'assiette en le découpant.

20. Este pollo está tan duro que al partirlo temo romper el plato.

21. Nous nous rattraperons sur l'omelette.

21. Venguémonos en la tortilla.

22. Sapristi, le jambon est fameusement rance.

22. ¡ Caramba ! muy rancio es el jamon.

23. Goûtons au fromage.

23. Probemos este queso.

24. C'est un fromage du pays, comment l'appelez-vous?

24. Es un queso del pais; ¿ qué nombre tiene ?

25. Redonnez-moi une bouteille de vin.

25. Déme V. otra botella de vino.

26. Apportez-nous de la bière.

26. Tráiganos V. cerbeza.

27. Je n'ose pas prendre du café.

27. No me atrevo á tomar café.

28. Vous êtes trop difficile, en voyage il faut se faire à tout.

28. Es V. muy difícil; en viaje hay que haçerse á todo.

29. Donnez-nous la note.

29. Venga la cuenta.

30. Si ce n'est pas bon, comme compensation, c'est très-cher.

30. Si no era bueno, en cambio es muy caro.

31. Ces prix sont très-raisonnables, nous reviendrons.

31. Estos precios son muy razonables, volveremos otra vez.

CHAPITRE IV

RENSEIGNEMENTS DIVERS

I. Pour demander son chemin.

1. Je vais profiter du beau temps pour faire plusieurs courses à pied.

2. Indiquez-moi, je vous prie, de quel côté se trouve le Consulat de — l'Ambassade de — l'Archevêché — la Cathédrale — le Musée — le théâtre de — le parc de — l'hôtel de...

3. Combien faut-il de temps pour y aller à pied ?

4. Ayez la complaisance de m'écrire sur ce papier les différentes rues que je dois suivre.

5. Montrez-moi sur ce plan où se trouve l'endroit où je désire aller.

6. Ne trouverai-je pas une voiture de place pour revenir ?

7. N'avez-vous pas des omnibus ?

8. Combien coûtent-ils ?

9. Suis-je encore bien loin de....?

I. Para enterarse del camino.

1. Aprovecharé el buen tiempo para hacer á pié varias diligencias.

2. Indíqueme V. hácia donde está el Consulado de... — la Embajada de — — el Arzobispado — la Catedral — el Museo — el teatro de — el parque de — la fonda de —

3. ¿ Cuánto se tarda á pié ?

4. Tenga V. la bondad de escribir en este papel las diferentes calles que debo seguir.

5. Enséñeme V. en este plano en dónde está el punto á que deseo ir.

6. ¿ Encontraré coche de alquiler para la vuelta ?

7. ¿ No hay ómnibus ?

8. ¿ Cuánto cuesta ?

9. ¿ Estoy todavía léjos de... ?

10. Je croyais pourtant avoir suivi la bonne route.

10. Sin embargo creí haber seguido el camino recto.

11. Ayez donc l'obligeance de me remettre dans le bon chemin.

11. ¿ Tiene V. la bondad de ponerme en el buen camino ?

12. Je trouve tout le monde fort obligeant pour les étrangers.

12. Todo el mundo es muy amable con los extranjeros.

13. Quel est donc ce grand monument ?

13. ¿ Qué es ese gran monumento ?

14. Est-ce le Ministère des finances — la Poste — le Musée d'artillerie ?

14. ¿ Es el ministerio de Hacienda ? — Correos ? — el Museo de artillería ?

15. Pour un hôtel particulier, c'est magnifique ; je l'aurais pris pour un monument public.

15. Para edificio particular es magnífico : lo hubiera tomado por un monumento público.

16. Puis-je le visiter ? — Il faut demander une permission ? — A qui dois-je adresser ma demande ?

16. ¿ Puedo visitarlo ? — ¿ Es preciso pedir permiso ? — ¿ Á quién he de dirigir mi solicitud ?

17. Suis-je encore loin de.. ?

17. ¿ Estoy todavía léjos de... ?

18. Faut-il tourner à droite — à gauche — suivre tout droit ?

18. ¿ Hay que tomar á la derecha — á la izquierda — seguir de frente ?

19. Excusez-moi si je vous le fais répéter encore une fois.

19. Dispénseme V. si le hago repetir.

II. Pour s'informer de quelqu'un.

II. Para informarse del paradero de alguno.

1. Connaissez-vous M. X.. ?

1. ¿ Conoce V. al señor X... ?

2. Ce monsieur exerçait, il y a deux ans, la profession de...

2. Ese caballero ejercia dos años há la profesion de...

3. Il demeurait alors près du Grand Théâtre.

3. Entónces vivia cerca del Gran Teatro.

4. Pourriez-vous m'accompagner à son ancienne demeure? Peut-être pourrai-je, par ses voisins, savoir où il demeure maintenant?

4 ¿ Puede V. acompañarme á su antiguo domicilio? Quizá sus vecinos me digan donde vive ahora.

5. N'y a-t-il pas un livre donnant les adresses de tous les négociants et des personnes un peu importantes par leur position?

5. ¿ No hay un libro con las direcciones de todos los negociantes y personas notables por su posicion?

6. Ne pouvez-vous pas me procurer ce livre? — Je vous serais reconnaissant de l'envoyer chercher.

6. ¿ Puede V. proporcionarme ese libro? — Gracias por haberle enviado á buscar.

7. Aidez-moi à chercher dedans, car je m'y perds.

7. Ayúdeme V. á buscar, no acierto.

8. Ne connaissez-vous personne qui pourrait me renseigner?

8. ¿ No conoce V. á nadie que pueda informarme?

9. Croyez-vous qu'au bureau de poste je ne pourrais pas avoir cette adresse? Les facteurs doivent connaître à peu près tout le monde.

9. ¿ Cree V. que en el despacho de correos podré lograr esta direccion? Los carteros deben conocer á casi todo el mundo.

10. Je vous remercie toujours beaucoup de votre obligeance.

10. Gracias de todas maneras por tanta bondad.

11. Il n'y a pas de concierge dans la maison, je ne puis avoir aucun renseignement.

11. No hay portero en la casa : no puedo tener el menor informe.

12. Je vais m'adresser aux voisins.

12. Me dirigiré á los vecinos.

13. A la place de la maison que ce monsieur habitait, il y a maintenant un grand boulevard.

13. En el sitio de la casa que habitaba hay ahora un gran boulevard.

14. Ce monsieur a-t-il quitté la ville depuis longtemps ?

15. Savez-vous quel pays il habite maintenant ?

16. Je vous suis toujours fort obligé de ces renseignements.

14. ¿ Salió de la ciudad há mucho tiempo el Sr.... ?

15. ¿ Sabe V. en qué país vive ahora ?

16. Mil gracias por las noticias.

III. Au bureau de police.

1. Indiquez-moi, je vous prie, le bureau de police. — Est-ce loin d'ici ?

2. Puis-je y aller à pied ?

3. A partir de quelle heure est-il ouvert ?

4. J'ai une déclaration très-importante à y faire.

5. J'ai perdu hier mon portefeuille ; il contenait des papiers importants pour moi.

6. Mon porte-monnaie m'a été dérobé dans l'omnibus.

7. Mon sac de nuit m'a été enlevé comme je sortais du chemin de fer.

8. Le cocher de cette voiture m'a fait payer plus que je ne lui devais ; il a été fort insolent envers moi.

9. Je tiens à lui faire donner une leçon.

10. Je veux savoir si on a le droit ici d'exploiter ainsi les étrangers.

11. Si tout le monde me

III. Despacho de comisario de policia.

1. ¿ Quiere V. hacerme el favor de indicarme en dónde está la oficina de policia ? — ¿ Es léjos de aqui ?

2. ¿ Puedo ir á pié ?

3. ¿ Á qué hora se abre ?

4. Tengo que hacer una declaracion muy importante.

5. Perdí ayer mi cartera con papeles preciosos para mí.

6. Me han quitado el portamonedas en el ómnibus.

7. Me han robado el saco de noche al salir del tren.

8. Este cochero me ha hecho pagar más de lo que debia ; se ha insolentado conmigo.

9. Voy á darle una leccion.

10. Quiero saber si aqui hay derecho para desplumar asi á los extranjeros.

11. Si todos hiciesen lo

ressemblait, on n'exploiterait pas ainsi les étrangers.

12. Vous me réclamez une somme ridicule, nous verrons ce que je dois vous payer.

13. Je voudrais parler au commissaire de police.

14. Quel nom donnez-vous au magistrat que nous appelons commissaire de police?

15. Puisque ce monsieur n'est pas visible, quelle est la personne qui le remplace?

16. Le cocher de la voiture dont voici le numéro, m'a réclamé telle somme pour la course que je vous indique; il a été fort insolent avec moi.

17. J'ai oublié mon sac de nuit dans la voiture dont voici le numéro.

18. Malheureusement, je n'ai pas conservé le numéro. J'avais pris cette voiture à telle ou telle station.

19. J'ai perdu mon portefeuille dans le trajet de.... à....; j'ai suivi la rue de.... et le boulevard de....

20. Croyez-vous qu'une annonce dans les journaux pourrait me le faire retrouver?

21. Dans ce cas, quel journal me conseillez-vous de prendre?

22. Ce portefeuille contenait des papiers d'affaire,

que yo no explotarian de este modo á los extranjeros.

12. Me reclama V. un dinero tonto, veremos lo que debo pagarle.

13. Desearia hablar al comisario de policía.

14. ¿ Qué título dan Vs. al magistrado que nosotros llamamos comisario de policía?

15. ¿ Quién reemplaza á este caballero en su ausencia?

16. El cochero, he aquí el número de su carruaje, me exige tal cantidad por la indicada carrera — es mucha su insolencia.

17. He olvidado mi saco de noche en el coche número tantos.

18. Por desgracia no he guardado el número. Cogí el coche en tal estacion.

19. He perdido mi cartera durante el trayecto de... á... siguiendo la calle de... y el boulevard de...

20. ¿ Crée V. que la encuentre anunciándolo en los periódicos?

21. ¿ Qué diario me recomienda V.?

22. Dicha cartera contenia papeles de intereses, más la

puis une forte somme. Il y avait.... en billets de la banque de....

23. Permettez-vous aux maîtres d'hôtel d'écorcher ainsi les voyageurs? Voilà la note de ce qui m'a été réclamé pour....

24. N'y a-t-il aucun moyen de les faire taxer? — J'abandonnerais volontiers aux pauvres ce que vous me ferez restituer; mais je ne puis supporter d'être volé.

25. Je vous serais bien reconnaissant de vous occuper activement de cette réclamation.

26. Voici mon adresse; écrivez-moi dès que vous aurez appris quelque chose.

27. Je suis à votre disposition pour payer les frais que cette recherche peut causer.

28. Est-il nécessaire que je repasse à votre bureau? — Quel jour devrai-je revenir?

29. Merci, monsieur, de vos bons renseignements.

30. Vous êtes vraiment peu obligeant.

31. Je me félicite d'avoir eu la bonne idée de m'adresser à vous.

32. Vous faites très-bien d'user de votre pouvoir pour réprimer ces abus qui dégoûtent les étrangers de venir dans un pays.

suma de.... en billetes del banco de....

23. ¿ Cómo permite V. que los fondistas desuellen así á los viajeros? Vea V. la nota que me ponen por....

24. ¿ Puede tasarse? Daré gustoso á los pobres lo que me restituyan: pero no toleraré que me roben.

25. Hágame V. el favor de activar esta reclamacion.

26. Tenga V. mi direccion y escríbame si ocurre algo.

27. Yo me encargo de los gastos ocasionados por esta pesquisa.

28. ¿ Volveré á ver á V.? — ¿ Qué dia?

29. Gracias mil por los informes.

30. Es V. muy poco atento.

31. Felicítome de haber tenido la feliz idea de dirigirme á V.

32. Hace V. muy bien en reprimir con su autoridad estos abusos que alejan del país á los extranjeros.

IV. Avec un commissionnaire.

1. Ayez la complaisance de m'indiquer où je pourrais trouver un commissionnaire pour porter cette lettre — ce paquet — cette malle.

2. A quel signe puis-je reconnaître un commissionnaire dans la rue ?

3. Où se tiennent-ils généralement ?

4. Peut-on avoir confiance en eux ?

5. Ils doivent avoir un tarif.

6. Où peut-on se plaindre d'eux, si on avait lieu de le faire ?

7. Combien coûte la course?

8. Combien, lorsqu'ils sont chargés de rapporter une réponse ?

9. Pouvez-vous me porter cette lettre tout de suite à l'adresse que voici ?

10. Vous attendrez la réponse, et vous me la rapporterez.

11. Combien de temps vous faut-il pour aller et venir ?

12. Vous me retrouverez dans ce café.

13. Voici votre argent pour

IV. Con un mandadero.

1. ¿ Hace V. el favor de indicarme un mandadero que lleve esta carta — este paquete — este baul ?

2. ¿ Qué distintivos tienen los mandaderos en la calle ?

3. ¿ En dónde se ponen generalmente ?

4. ¿ Puede uno fiar en ellos ?

5. Deben tener una tarifa.

6. ¿ Á quién hay que acudir, si uno tiene queja de ellos ?

7. ¿ Cuánto cuesta el mandado ?

8. ¿ Cuánto por traer una respuesta ?

9. ¿ Quiere llevarme ahora mismo, esta carta á donde dice el sobre ?

10. Espere V. y tráigame la respuesta.

11. ¿ Cuánto tiempo tardará V. en ir y venir ?

12. Me encontrará V. en este café.

13. Tome V. el dinero

la course d'aller, je vous payerai le surplus lorsque vous serez de retour.

de la ida, á la vuelta pagaré lo demas.

14. Vous me réclamez plus cher que nous ne sommes convenus.

14. Reclama V. más de lo convenido.

15. J'ai beau être étranger, je ne me laisserai pas attraper.

15. No por ser extranjero me dejaré engañar.

16. Il est inutile de faire du bruit ; vous avez ce qui vous est dû, vous n'aurez rien de plus.

16. Nada de ruido : tiene V. lo que se le debe, y nada más.

17. Pouvez-vous me conduire dans divers magasins ?

17. ¿ Puede V. conducirme á varias tiendas ?

18. Savez-vous quelques mots de français ?

18. ¿ Sabe V. algunas palabras de frances ?

19. Connaissez-vous bien toutes les curiosités de la ville ?

19. ¿ Conoce V. bien todas las curiosidades de la ciudad ?

20. Combien me prendrez-vous pour m'accompagner une demi-journée — toute une journée ?

20. ¿ Cuánto me llevará V. por acompañarme todo el dia ?

V. A la Poste aux lettres.

V. En el Correo.

1. Veuillez m'indiquer, s'il vous plaît, la poste aux lettres.

1. ¿ Tiene V. la bondad de enseñarme el correo ?

2. A quelle heure la dernière levée pour l'étranger ?

2. ¿ Á qué hora se recogen por última vez las cartas para el extranjero ?

3. Voulez-vous courir bien vite mettre cette lettre à la poste centrale ? Vous l'affranchirez.

3. Corra V. al correo central á echar esta carta despues de franqueada.

4. Combien coûte l'affran-

4. ¿ Cuánto cuesta el fran-

chissement pour la France — l'Angleterre — l'Italie — l'Allemagne ?

5 A quelle heure se fait la première distribution ? — Combien y a-t-il de distributions par jour ?

6. Cette lettre ne pèse-t-elle pas double port ? — Je voudrais la charger. — Combien coûte le chargement ? — Je voudrais déclarer la valeur qu'elle contient.

7. Obligez-moi de me donner de la cire et un cachet.

8. Donnez-moi quelques timbres-poste pour l'intérieur de la ville — pour la Belgique — la Hollande — la Suisse.

9. Est-il encore temps pour le départ du soir ?

10. Indiquez-moi le guichet où l'on distribue les lettres adressées *poste restante.*

11. Monsieur, auriez-vous l'obligeance de voir si vous avez des lettres au nom qui se trouve sur cette carte ?

12. Cherchez bien, il y en a certainement.

13. Il doit y avoir également des journaux.

14. Désirez-vous voir mon passe-port ?

15. A défaut de passe-port, je puis vous montrer différentes lettres.

queo para Francia — Inglaterra — Italia — Alemania ?

5. ¿ Á qué hora se reparten las cartas ? — ¿ Cuántas veces por dia ?

6. ¿ No tiene esta carta doble peso ? — Quiero certificarla. — ? Cuánto cuesta el certificado ? — Quisiera declarar el valor que hay en ella.

7. Sírvase V. darme lacre y sello.

8. Déme V. algunos sellos de correo interior — para Bélgica —Hollanda — Suiza.

9. ¿ Hay tiempo todavía para la salida de esta noche ?

10. Indíqueme V. el despacho en donde se dan las cartas dirigidas á la *posta restante.*

11. Caballero, sírvase V. decirme si tiene cartas dirigidas al nombre que está ahí en la mesa.

12. Es posible, de seguro las hay.

13. Tambien debe haber periódicos.

14. ¿ Desea V. ver mi pasaporte ?

15. En su defecto, puedo enseñar á V. varias cartas.

16. A quelle heure y a-t-il un nouveau courrier ?

16. ¿ A qué hora sale otro correo ?

17. S'il vient d'autres lettres, voulez-vous prendre note de les envoyer à l'adresse suivante ?

17. Si hay mas cartas, tóme V. nota de esta direccion para dirigirmelas allí.

18. Voulez-vous que je vous l'écrive ?

18. ¿ Quiere V. que la escriba ?

19. La poste se charge-t-elle des petits paquets ? — Jusqu'à quel poids puis-je aller ?

19. ¿ Recibe la posta paquetitos ? — ¿ Hasta qué peso ?

20. Quel en est le prix ?

20. ¿ Cuánto cuesta ?

21. Vous chargez-vous des envois d'argent ?

21. ¿ Se encarga V. de hacer remesas de dinero ?

22. Donnez-moi un mandat de....

22. Déme V. una carta órden de....

23. Combien de temps ai-je encore avant la levée de la boîte ?

23. ¿ Cuánto tiempo me queda ántes que recojan las cartas ?

24. Avez-vous quelqu'un pour envoyer ma lettre à la poste ?

24. ¿ Hay quien lleve mi carta al correo ? '

25. Il faut qu'elle parte aujourd'hui.

25. Es preciso que salga hoy.

VI. Pour écrire une lettre.

VI. Para escribir una carta.

1. Je voudrais avoir ce qu'il faut pour écrire une lettre.

1. Necesito con que escribir una carta.

2. Pouvez-vous me prêter une feuille de papier à lettre ?

2. ¿ Me presta V. una hoja de papel de cartas ?

3. Veuillez me faire apporter tout ce qu'il faut pour écrire — papier — enveloppes — plumes — encrier.

3. Que me traigan lo necesario para escribir — papel — sobres — plumas — tintero.

4. Cette plume ne peut al-

4. Esta pluma no sirve.

ler. N'en auriez-vous pas une autre.

5. Il n'y a pas d'encre dans l'encrier.

6. Cette encre est une véritable boue.

7. Avez-vous un grattoir — une règle — un canif ?

8. Je préfère une plume d'oie.

9. Votre canif ne coupe pas.

10. Il a besoin d'être repassé.

11. Quel jour du mois sommes-nous ?

12. En voyage, j'oublie entièrement le quantième du mois.

13. Je n'ai plus qu'à cacheter ma lettre.

14. Auriez-vous une enveloppe — des pains à cacheter — un peu de poudre ?

15. Pourriez-vous me céder quelques timbres-poste ?

16. Savez-vous combien coûte l'affranchissement pour... ?

17. Ai-je le temps d'écrire une seconde lettre ?

18. Il y a plusieurs jours que je n'ai écrit.

19. Donnez-moi une nouvelle feuille de papier.

20. En voyage, je suis toujours très-paresseux pour écrire.

¿ No tiene V. otra ?

5. No hay tinta en el tintero.

6. Esta tinta es broza.

7 ¿ Tiene V. un raspador — una regla — un cortaplumas ?

8. Prefiero una pluma de ganso.

9. Este cortaplumas no corta.

10. Necesita afilarse.

11. ¿ Á qué dia del mes estamos ?

12. En viaje olvido la fecha del mes.

13. Solo falta cerrar la carta.

14. ¿ Tiene V. un sobre — obleas — polvos ?

15. ¿ Puede V. cederme unos sellos de correos ?

16. ¿ Cuánto cuesta el franqueo ?

17. ¿ Tendré tiempo de escribir otra carta ?

18. No he escrito hace muchos dias.

19. Déme V. otra hoja de papel.

20. Soy muy perezoso para escribir cuando estoy de viaje.

21. Il est tard, je finirai ma lettre demain.

21. Es tardé, mañana acabaré la carta.

22. Vous n'avez rien à faire dire à vos amis ? — Je vais faire votre commission.

22. ¿ No tiene V. nada que mandar decir á sus amigos ? — Voy á hacer el encargo.

23. N'oubliez pas de faire porter cette lettre ce soir même.

23. No olvide V. enviar la carta, esta misma tarde.

VII. Au télégraphe. — VII. En el telégrafo.

1. Le bureau du télégraphe, je vous prie ?

1. ¿ El despacho de telégrafo ?

2. A quel numéro de la rue ?

2. ¿ En qué parte de la calle ?

3. A quelle heure est-il ouvert — fermé ?

3. ¿ Á qué hora se abre — se cierra ?

4. Je voudrais envoyer cette dépêche à...

4. Quisiera enviar este telégrama á....

5. Quel est le prix d'une dépêche de vingt mots — de trente — de quarante ?

5. ¿ Cuánto cuesta un despacho de veinte palabras — de treinta — de cuarenta?

6. Puis-je affranchir la réponse ?

6. ¿ Puedo franquear la respuesta ?

7. Ne puis-je pas adresser ma dépêche bureau restant?

7. ¿ Puedo dirigir mi despacho á la oficina restante ?

8. Je suis certain que cette ville a un bureau télégraphique.

8. Seguramente hay en esta ciudad un despacho de telégrafos.

9. Voulez-vous prendre note de mon adresse, afin de m'envoyer la réponse dès qu'elle sera arrivée ?

9. ¿ Quiere V. apuntar mi direccion para enviarme la respuesta asi que llegue.

10. Auriez-vous l'obligeance de me donner une feuille de papier et une plume et de l'encre pour écrire ma dépêche ?

10. ¿ Me da V. una hoja de papel, pluma y tintero para estender el despacho ?

11. Voyons donc combien il y a de mots.

11. Vea V. cuántas palabras hay.

12. Que pourrais-je supprimer ?

12. ¿ Qué podré suprimir?

13. Quelle est la ville la plus proche où je pourrais trouver un bureau télégraphique ?

13. ¿ Cual es la ciudad mas próxima en donde haya estacion telegráfica ?

14. Pouvez-vous envoyer un exprès du bureau le plus proche de cet endroit ?

14. Puede V. enviar un propio desde la estafeta mas cercana á este lugar.

CHAPITRE V

SALUTATIONS ET PHRASES DE POLITESSE

SALUDOS, FRASES CORTESES

I. Compliments.

I. Saludos.

1. Monsieur — madame — mademoiselle, j'ai l'honneur de vous saluer. Je vous présente mes hommages — mes respects.

1. Caballero — señora — señorita, tengo el honor de saludar á V. Presento á V. mis respetos — beso á V. los piés.

2. Comment vous portez-vous ?

2. ¿ Como está V. ?

3. Vous êtes si fraîche qu'il est vraiment inutile de vous le demander.

3. Está V. tan lozana que es por demás preguntárselo.

4. Les années passent sur vous sans laisser aucune trace. Je vous trouve toujours rajeunie.

4. Pasan los años por V. sin dejar ninguna huella. Siempre la encuentro rejuvenecida.

5. On ne se douterait pas que vous avez été malade. — Vous paraissez beaucoup mieux. — Je suis fort heureux de vous retrouver en bonne santé. — J'ai été un peu fatigué par le voyage, mais je suis complétement remis.

6. Vous êtes mille fois trop bonne.

7. Je suis vraiment confus de toutes vos politesses. — Monsieur votre père — madame votre mère — madame votre fille — monsieur votre gendre est-il (elle) toujours en bonne santé?

8. Votre famille s'est augmentée depuis mon dernier voyage.

9. Je vous en fais mon sincère compliment.

10. Quel charmant bébé! — Madame, vous devez en être fière. — Il a tout à fait vos yeux.

11. Rappelez-moi, je vous prie, au souvenir de...

12. Dites bien des choses pour moi à....

13. Je ne vous dis pas adieu, mais au revoir.

14. Merci beaucoup de votre aimable réception.

15. J'ai passé une délicieuse soirée.

16. Le temps, près de vous, m'a semblé très-court.

5. Nadie creería que ha estado V. enferma. — Ha ganado V. — Celebro ver á V. buena. — Algo me cansó el viaje, pero ya estoy repuesto.

6. Es V. en extremo amable.

7. Me confunden tantas atenciones. — ¿ El señor padre de V. — la señora madre de V. — la señora hija de V. — el señor yerno de V. — sigue bueno — buena?

8. Su familia ha aumentado desde mi último viaje.

9. Felicito á V. sinceramente

10. ¡ Preciosa criatura! — Señora, debe V. estar orgullosa. — Son los ojos de V.

11. Hágame V. presente á...

12. Mil cosas de mi parte á....

13. No digo á V. adios, sino hasta la vista.

14. Mil gracias por tan amable acogida.

15. He pasado una tarde deliciosa.

16. El tiempo vuela al lado de V.

17. On n'est vraiment pas plus aimable.

17. Nadie es mas amable.

II. Les visites.

II. Las visitas.

1. Quel est, à votre avis, le meilleur moment de la journée pour me présenter chez M. X... ?

1. ¿ Cual piensa V. que es la mejor hora para visitar al Señor....?

2. Le matin — l'après-midi — le soir ?

2. Por la mañana — por la tarde — por la noche?

3. Je crois qu'il est plus convenable de faire cette visite l'après-midi. — Qu'en pensez-vous ?

3. Creo mas conveniénte visitarle por la tarde. — ¿ Qué piensa V. ?

4. Dois-je me mettre en toilette habillée ? faut-il mettre mon habit noir ?

4. ¿ Vestiréme de ceremónia? ¿ Me pondré el frac negro ?

5. J'ai peur d'avoir l'air en cérémonie.

5. Temo parecer demasiado ceremonioso.

6. Je crains de paraître trop sans façon.

6. Temo presentarme con demasiada franqueza.

7. Chaque pays a ses usages, et je tiens à suivre ceux du pays où je me trouve.

7. Cada pais tiene sus costumbres y me gusta conformarme á las que se usan en el que me encuentro.

8. M. X.... est-il chez lui ? — A quel étage ?

8. ¿ El Señor X... está en casa ? — ¿ En qué piso ?

9. Je suis enchanté de vous voir.

9. Celebro ver á V.

10. Vous êtes bien bon d'être venu nous voir — d'avoir pensé à nous.

10. Es V. muy amable en venirnos á ver — en pensar en nosotros.

11. Asseyez-vous, je vous prie.

11. Sirvase V. tomar asiento.

12. Prenez donc ce fauteuil.

12. Tóme V. ese sillon.

13. Je craignais de ne pas avoir le plaisir de vous voir.

13. Temia no tener el gusto de ver á V.

14. Je me suis présenté

14. Ayer vine á casa de

hier chez vous sans avoir le plaisir de vous rencontrer.

15. Je venais de sortir.

16. Je n'en ai rien su.

17. Je regrette beaucoup d'avoir été absent à ce moment-là.

18. Je vous remercie beaucoup de votre bonne visite.

19. Vous n'allez pas encore nous quitter ?

20. Permettez-moi de prendre congé de vous.

21. Vous êtes bien pressé.

22. Excusez-moi, mais j'ai aujourd'hui plusieurs cour ses indispensables à faire.

23. J'aurai le plaisir de vous revoir sous peu.

24. Quand aurons-nous le plaisir de vous revoir ?

V. y no tuve el gusto de encontrarle.

15. Acababa de salir.

16. No lo he sabido.

17. Siento mucho haber estado ausente en ese momento.

18. Gracias por tan amable visita.

19. Todavía no nos abandonará V.

20. Permítame V. retirarme.

21. Tiene V. mucha prisa.

22. Dispénseme V., pero tengo hoy muchas diligencias urgentes.

23. En breve tendré el gusto de volver á ver á V.

24. ¿ Cuando tendremos la satisfaccion dé volver á ver á V. ?

III. La température.

III. La temperatura.

1. Quel temps fait-il ?

2. Il fait un bien beau temps.

3. Il fait un bien vilain temps.

4. Il va pleuvoir.

5. Il pleut.

6. C'est un vrai déluge.

7. Mettons-nous à l'abri.

8. Je n'ai pas de parapluie.

1. ¿ Qué tiempo hace ?

2. Hace un tiempo hermoso.

3. Hace muy mal tiempo.

4. Va á llover.

5. Llueve.

6. Es un verdadero diluvio.

7. Pongámonos á cubierto.

8. No traigo paraguas.

9. Vous aviez bien fait de prendre votre parapluie.

9. Debió V. haber tomado el paraguas.

10. Croyez-vous que la pluie durera longtemps ?

10. ¿ Cree V. que durará mucho la lluvia ?

11. C'est un orage, il sera bientôt passé.

11. Es una tormenta, pasará pronto.

12. Cette pluie peut durer vingt-quatre heures.

12. La lluvia puede durar veinte cuatro horas.

13. Quel beau temps !

13. ¡ Qué hermoso tiempo !

14. Il fait un temps de printemps.

14. Hace un tiempo de primavera.

15. Que cette chaleur est agréable !

15. ¡ Qué agradable es este calor !

16. Il fait une chaleur accablante.

16. Sofoca el calor.

17. Le thermomètre marque vingt-cinq degrés au-dessus de zéro.

17. El termómetro marca veinti cinque grados sobre cero.

18. Il fait vraiment froid.

18. Hace realmente frio.

19. Le temps est rigoureux.

19. El tiempo es rigoroso.

20. Il a gelé très-fort.

20. Ha helado mucho.

21. Le canal est gelé.

21. El canal está helado.

22. Le thermomètre est à dix degrés au-dessous de zéro.

22. El termómetro está á diez grados bajo cero.

23. Il a neigé toute la nuit.

23. Ha nevado toda la noche.

24. Il commence à dégeler.

24. Empieza á deshelar.

25. L'orage arrive sur nous.

25. La tormenta va á descargar sobre nosotros.

26. Entendez-vous le tonnerre ?

26. ¿ Oye V. el trueno ?

27. La foudre est tombée à...

27. El rayo ha caido en....

28. Y a-t-il eu des malheurs ?

28. ¿ Ha habido desgracias ?

29. Voilà un arc-en-ciel.

29. Mira un arco iris.

30. C'est demain nouvelle lune, le temps changera peut-être.

31. Le temps se remet au beau.

32. Le soleil reparaît.

33. Que la campagne est belle après une pluie !

34. La soirée est superbe.

35. Le soleil se couche avec éclat.

36. Le beau clair de lune !

37. Il fait brumeux.

38. La pluie commence à tomber.

IV. Petites phrases.

Pour offrir.

1. Permettez-moi de vous offrir ceci.

2. Acceptez-le pour me faire plaisir.

3. Faites-moi le plaisir d'accepter...

4. Vous me désobligeriez en refusant.

5. Tout ce que j'ai est à votre disposition.

6. Je vous l'offre de bon cœur, acceptez-le de même.

7. Tout ce que j'ai n'est-il pas à vous ?

8. C'est de grand cœur que je vous l'offre.

---

30. Mañana es luna nueva, quizá cambiará el tiempo.

31. El tiempo se serena.

32. Vuelve á salir el sol.

33. Qué hermoso es el tiempo despues de la lluvia!

34. La noche es soberbia.

35. El sol se pone con brillo.

36. ¡ Qué hermosa luna !

37. Hace niebla.

38. Empieza á llover.

IV. Frases sueltas.

Para ofrecer.

1. Permítame V. ofrecerle esto.

2. Acéptelo V. por complacerme.

3. Hágame V. el gusto de aceptar.

4. Me disgustaria V. si lo rehusase.

5. Cuanto tengo está á la disposicion de V.

6. Se lo ofrezco á V. de buen grado, acéptelo V. del mismo modo.

7. ¿ No es de V. cuanto tengo ?

8. Se lo ofrezco á V. sinceramente.

9. Acceptez-le en souvenir de moi.

9. Acéptelo V. como recuerdo mio.

10. Acceptez cette légère marque de reconnaissance.

10. Reciba V. esta ligera prueba de gratitud.

11. Je voudrais pouvoir vous offrir beaucoup mieux.

11. Quisiera poder ofrecer á V. mucho mas.

12. Je regrette de n'avoir que cela à vous offrir.

12. Siento no tener mas que esto que ofrecer á V.

13. Acceptez sans cérémonie.

13. Acepte V. sin ceremonia.

14. C'est une bagatelle que je vous prie d'accepter.

14. Ruego á V. acepte esta bagatela.

Pour refuser.

Para rehusar.

1. Vraiment, je ne puis accepter.

1. Verdaderamente no puedo aceptar.

2. N'insistez pas, cela est impossible.

2. No insista V., eso es imposible.

3. Cela ne dépend pas de moi.

3. Eso no depende de mí.

4. Ce n'est pas moi que cela regarde.

4. Eso no me incumbe.

5. C'est avec un vif regret, mais je ne puis accepter.

5. Siento en el alma no poder aceptar.

6. Je le regrette autant que vous.

6. Me pesa tanto como á V.

7. Je ne puis accepter sans cela.

7. No puedo aceptar sin eso.

8. Je suis désolé d'être forcé de vous refuser.

8. Me duele tener que rehusárselo á V.

9. Je ne puis vous accorder ce que vous me demandez.

9. No puedo otorgar á V. lo que me pide.

10. Je n'ai pas l'influence que vous croyez.

10. No tengo la influencia que V. cree.

11. Une autre fois nous serons plus heureux.

11. Otra vez seremos mas felices.

12. N'y comptez pas.

12. No cuente V. con ello.

13. Je n'y puis rien.

14. Soyez convaincu qu'il n'y a pas de ma faute.

15. Je ne le puis plus maintenant.

16. Vous comprendrez que cela m'est impossible.

17. Pourquoi insister ? Vous voyez que je ne le puis pas.

18. Il m'est très-pénible de vous refuser.

19. Croyez que je le regrette beaucoup plus que vous.

Pour affirmer.

1. Je suis certain que je l'ai vu.

2. Je vous en donne ma parole d'honneur.

3. Vous pouvez me croire.

4. Cela est certain — positif.

5. Je tiens le fait de M. X..., qui était présent.

6. J'en ai des preuves convaincantes.

7. Je vous garantis la chose.

8. Je puis vous en fournir la preuve.

9. Rien n'est plus certain.

10. J'étais témoin du fait, et je puis vous le certifier.

11. C'est un fait incontestable.

13. Nada puedo en ello.

14. Crea V. que no es culpa mia.

15. Ya no puedo ahora.

16. V. comprenderá que eso me es imposible.

17. ¿ Para qué insistir ? bien vé V. que no puedo.

18. Me es doloroso rehusar á V.

19. Crea V. que lo siento mas que V.

Para afirmar.

1. Estoy seguro, lo he visto.

2. Doy á V. mi palabra de honor.

3. Puede V. creerme.

4. Eso es cierto — positivo.

5. Lo sé por el Señor X... que estaba presente.

6. Tengo pruebas convincentes.

7. Se lo garantizo á V.

8. Puedo dar á V. la prueba:

9. Nada mas cierto.

10. Fuí testigo del hecho y puedo certificarle.

11. Es un hecho incontestable.

Pour nier.	*Para negar.*
1. Pardon, monsieur, vous vous trompez.	1. Dispense V., caballero, V. se engaña.
2. Permettez-moi, madame, de vous dire que vous êtes dans l'erreur.	2. Permita me V., Señora, decirle que está V. engañada.
3. Je ne croirai jamais cela.	3. Jamás creeré eso.
4. Vous vous trompez, je n'ai pas dit cela.	4. V. se equivoca, no he dicho eso.
5. C'est impossible, je n'y étais pas.	5. Es imposible, yo no estaba allí.
6. Cela me paraît impossible.	6. Eso me parece imposible.
7. Je ne puis croire que cela soit jamais arrivé.	7. No puedo creer que eso haya sucedido jamás.
8. Vous essayez de m'en faire accroire.	8. V. trata de engañarme.
9. Je le nie formellement.	9. Lo niego formalmente.
10. Je dis que vous vous trompez, pour ne pas dire plus.	10. Digo que V. se equivoca por no decir mas.
11. C'est faux.	11. Es falso.
12. On vous a menti.	12. Le han mentido á V.
13. Cela n'est pas vrai.	13. Eso no es verdad.

Pour s'excuser.	*Para disculparse.*
1. Je ne voulais pas vous blesser.	1. No queria ofender á V.
2. Je ne croyais pas mal faire.	2. No creia hacer mal.
3. Je vous prie d'agréer toutes mes excuses.	3. Ruego á V. que acepte todas mis disculpas.
4. Vous êtes par trop susceptible.	4. Es V. demasiado susceptible.
5. Je suis au désespoir de vous avoir contrarié.	5. Me duele en el alma haber contrariado á V.

6. Donnons-nous la main et n'en parlons plus.

7. Je réclame toute votre indulgence.

8. J'ai eu tort, j'én conviens.

9. Soyez indulgent pour cette fois.

10. Je connais si peu votre langue que vous devez m'excuser.

11. J'ai beaucoup de chagrin de vous avoir contrarié.

12. Je ne comprends pas ce qui est écrit, excusez-moi donc.

13. Puis-je compter sur votre bon vouloir?

14. C'est une complaisance que je vous demande, j'espère que vous ne me la refuserez pas.

15. J'attends cela de votre amitié.

16. Je suis désespéré d'avoir encore à vous importuner.

17. C'est la seule grâce que je vous demande.

6. Démonos la mano y no hablemos mas de eso.

7. Reclamo toda la indulgencia de V.

8. He hecho mal, lo confieso.

9. Sea V. indulgente por esta vez.

10. Conozco tan poco la lengua que debe V. dispensarme.

11. Siento mucho haber contrariado á V.

12. No comprendo lo que está escrito, dispénseme V.

13. ¿ Puedo contar con la voluntad de V. ?

14. Lo que pido á V. es un favor y espero no me lo niegue.

15. Espero esto de su amistad de V.

16. Me desconsuela tener que importunar á V. otra vez.

17. Es el único favor que pido á V.

Pour consentir.

1. Avec grand plaisir.
2. Comment donc! mais très-volontiers.
3. Quand vous voudrez.
4. De suite si vous voulez.
5. C'est entendu, comptez sur moi.

Para consentir.

1. Con mucho gusto.
2. ¡ Cómo ! de muy buena gana.
3. Cuando V. guste.
4. Enseguida, si V. quiere.
5. Entendido, cuente V. conmigo.

6. Je suis heureux d'avoir l'occasion de vous être agréable.

7. Je suis entièrement à votre disposition.

8. Vous avez bien fait de vous adresser à moi.

9. Je ferai pour vous tout ce que je pourrai.

10. Pourquoi ne pas m'en avoir parlé plus tôt?

11. Je suis à vous dans l'instant.

12. Je puis donc une fois vous être utile!

13. Je voudrais vous rendre un plus grand service.

14. Je suis tout à votre service.

15. Usez de moi tant que vous voudrez.

16. C'est un plaisir pour moi de vous être utile.

17. Je n'ai rien à vous refuser.

18. Je ferai pour vous ce que je ne ferais pas pour un autre.

19. J'irai certainement, vous pouvez y compter.

Pour demander un conseil, un avis.

1. Je suis bien embarrassé; que feriez-vous à ma place?

2. Si j'étais à votre place, je ferais ainsi.

6. Celebro tener la ocasion de agradar á V.

7. Estoy enteramente á la disposicion de V.

8. Ha hecho V. bien en dirigirse á mí.

9. Haré por V. cuanto pueda.

10. ¿ Porqué no habló V. ántes ?

11. Al punto soy con V.

12. Con que podré una vez serle á V. útil !

13. Quisiera hacer á V. mayor servicio.

14. Soy todo de V.

15. Empleeme V. en cuanto quiera.

16. Es para mí un placer serle á V. útil.

17. Nada puedo rehusar á V.

18. Haré por V. lo que no haria por otro.

19. Iré seguramente, cuente V. con ello.

Para pedir consejo, parecer.

1. Estoy indeciso, ¿ qué haria V. en mi lugar ?

2. En lugar de V. obraria así.

3. Quel conseil me donnez-vous ?

4. Le cas est bien embarrassant.

5. Que faut-il faire ? — Donnez-moi votre avis.

6. Je crains de ne m'y être pas bien pris.

7. Quel moyen voyez-vous pour remédier à cela ?

8. Je tiens à avoir votre opinion.

9. Il faut pourtant prendre un parti.

10. Croyez-vous que je ferais bien d'y retourner ?

11. Ainsi, vous ne trouvez rien à me conseiller ?

12. Quel parti devons-nous prendre ?

3. ¿ Qué consejo me dá V. ?

4. El caso es muy embarazoso.

5. ¿ Qué haré ? — Déme V. su parecer.

6. Temo no haber acertado.

7. ¿ Qué medio vé V. de remediar esto ?

8. Me importa saber la opinion de V.

9. Fuerza es sin embargo tomar una resolucion.

10. ¿ Crée V. que haré bien en volver allá ?

11. Asi, ¿ no se le ocurre á V. nada que aconsejarme?

12. ¿ Qué partido tomaremos ?

Pour remercier.

Para agradecer.

1. Je vous remercie beaucoup.

2. Je vous suis bien obligé.

3. J'accepte avec un grand plaisir et vous suis reconnaissant.

4. Vous êtes mille fois trop bon.

5. Agréez tous mes remerciements.

6. Je suis confus de toutes vos bontés.

7. Vous me faites beaucoup d'honneur.

1. Se lo agradezco á V. mucho.

2. Estoy á V. muy obligado.

3. Acepto con gusto y se lo agradezco.

4. Es V. mil veces sobrado bondadoso.

5. Doy á V. un millon de gracias.

6. Me confunden todas sus bondades.

7. Me hace V. mucho honor.

8. Comment reconnaîtrai-je toutes vos bontés?

9. On n'est pas plus aimable.

10. Je vous en serai toujours reconnaissant.

11. Je ne saurais vous dire combien cela me fait plaisir.

12. Je n'oublierai jamais toutes vos bontés.

13. Comment pourrai-je jamais m'acquitter envers vous?

14. Je suis confus de la peine que je vous donne.

15. Je ne vous remercierai jamais assez.

16. Je ne sais comment répondre à toutes vos politesses.

17. Merci mille fois de votre extrême obligeance.

18. Je suis heureux d'avoir pu vous être agréable.

19. Enchanté de vous avoir été de quelque utilité.

20. J'en suis plus heureux que vous.

21. Cela ne vaut pas la peine d'en parler.

22. Rien n'est plus naturel.

23. Vous en auriez fait autant.

24. Vous n'avez nullement à m'en savoir gré.

25. J'en ai été récompensé par votre agréable société.

26. Le plaisir a été pour moi.

8. ¡ Cómo pagaré todas sus bondades !

9. No se puede ser mas amable.

10. Quedaré á V. reconоcido siempre.

11. No puedo decir á V. cuanto me complace eso.

12. Jamás olvidaré todas las bondades de V.

13. ¿ Cómo podré nunca desquitarme ?

14. Me confunde la molestia que V. se toma.

15. Jamás se lo agradeceré á V. bastante.

16. No sé cómo responder á todas sus atenciones.

17. Gracias mil veces por su extremo favor.

18. Me congratulo de haber podido complacerle.

19. Me alegro de haberle sido útil en algo.

20. Soy en ello mas feliz que V.

21. Eso no vale la pena de mentarlo.

22. Nada era mas natural.

23. En mi lugar hubiera V. procedido como yo.

24. Nada tiene V. que agradecerme.

25. He estado recompensado con su amable compañía.

26. El gusto ha sido mio.

Pour demander. | *Para preguntar.*

1. Oserai-je vous faire une demande?

2. J'ai un petit service à vous demander.

3. Puis-je espérer que vous voudrez bien?

4. M'accorderez-vous cette faveur?

5. Seriez-vous assez bon pour...?

6. Vous me rendrez grand service..

7. Je ne compte que sur vous.

8. Ne me refusez pas, je vous en prie.

9. Voulez-vous me faire ce plaisir?

10. Vous me rendriez un signalé service.

11. Vous ne sauriez me faire un plus grand plaisir.

12. Vous me rendriez un grand service.

13. Puis-je vous demander de bien vouloir?

14. Ayez cette complaisance.

15. Je vous en serai fort obligé.

16. Je vous en aurai le plus grand gré.

1. ¿ Me atreveria á hacer á V. una pregunta?

2. Tengo que pedir á V. un favor.

3. ¿ Puedo esperar que V. me lo concederá?

4. Dispénseme V. esta merced.

5. ¿ Tendria V. la bondad de....?

6. Me favoreceria V. mucho.

7. Solo cuento con V.

8. Ruego á V. que no me lo niegue.

9. ¿ Quiere V. darme ese gusto?

10. Me haria V. singular favor.

11. No podria V. darme mayor gusto.

12. Me haria V. una gran merced.

13. ¿ Puedo pedir á V. que tenga á bien....?

14. Tenga V. esa complacencia.

15. Se lo agradeceré á V. infinito.

16. Le quedaré á V. reconocido.

V. Une rencontre. | V. Un encuentro.

1. Mais je ne me trompe pas, c'est bien M. X....

1. Si no me engaño, es el amigo M. X...

2. Que je suis heureux de vous rencontrer !

3. Comment vous êtes-vous porté depuis que j'ai eu le plaisir de vous voir ?

4. Je suis charmé de vous rencontrer ici.

5. Et depuis quand êtes-vous ici ?

6. Qu'êtes-vous devenu depuis que je vous ai quitté ?

7. Quel Juif-Errant vous faites !

8. Quant à moi, j'ai beaucoup voyagé.

9. Combien de temps pensez-vous rester ici ?

10. Je n'y suis que pour quelques jours.

11. Je n'y suis qu'en passant.

12. Êtes-vous seul ici, ou avez-vous votre famille ?

13. A quel endroit êtes-vous descendu ?

14. Pour moi, je demeure rue.... n°....

15. Il y a huit jours que je suis ici.

16. Y êtes-vous pour affaires, ou pour votre plaisir ?

17. Puisque vous connaissez la ville, je me recommande à vous pour me la faire visiter.

18. Maintenant je ne vous quitte plus.

19. Où allez-vous de ce pas ?

2. ¡ Qué feliz soy en encontrar á V. !

3. ¿ Cómo le ha ido á V. desde que tuve el gusto de verle ?

4. Celebro encontrar á V. aquí.

5. ¿ Y desde cuando esta V. por acá ?

6. ¿ Qué es de V. desde que nos separamos ?

7. Es V. un judío errante.

8. En cuanto á mí, he viajado mucho.

9. ¿ Cuánto tiempo piensa V. estar aquí ?

10. Estoy solo por unos dias.

11. Estoy de paso.

12. ¿ Solo ó con su familia ?

13. ¿ En dónde para V. ?

14. Yo, vivo en la calle..... número.....

15. Llegué hace ocho dias.

16. ¿ Viene V. por negocios ó por divertirse ?

17. Ya que conoce V. la ciudad me recomiendo á V. para visitarla.

18. Ya no me separo de V.

19. ¿ Adónde va V. así ?

20. Je fais comme vous, je me promenais.

21. Permettez que je vous accompagne.

22. En quittant cette ville, où comptez-vous aller ?

23. Je ne pensais pas partir sitôt, car j'ai encore plusieurs affaires à terminer — beaucoup de choses à voir.

24. Si vous me servez de guide, cela ira plus vite.

25. Nous nous reverrons ; où pourrai-je vous rencontrer ?

26. A quelle heure sortez-vous ?

27. Si vous le voulez bien, j'irai vous prendre pour déjeuner — pour dîner.

28. Que faites-vous ce soir ?

29. Nous pourrions passer la soirée ensemble.

30. J'ai à faire une visite dont je ne puis me dispenser.

31. Alors ce sera pour demain ; je compte sur vous.

20. Como V. me paseaba.

21. Permítame V. que le acompañe.

22. Al dejar esta ciudad ¿ adónde va V. ?

23. No pensaba marcharme tan pronto porque tengo todavia muchos negocios que terminar — muchas cosas que ver.

24. Si V. me sirve de guia concluiré mas pronto.

25. Nos volveremos á ver ¿ en dónde podré encontrar á V. ?

26. ¿ Á qué hora sale V. ?

27. Si V. quiere iré por V. para almorzar — para comer.

28. ¿ Qué hace V. esta noche ?

29. Podríamos pasar la noche juntos.

30. No puedo dispensarme de hacer una visita.

31. Entónces hasta mañana, cuento con V.

VI. Les adieux.

VI. Despedida.

1. Je regrette beaucoup que vous partiez si vite.

2. Pourquoi nous quittez-vous si tôt ?

3. Quand partez-vous ?

4. Puis-je espérer vous revoir encore ?

1. Siento mucho que V. se marche tan pronto.

2. ¿ Porqué nos abandona V. tan pronto ?

3. ¿ Cuándo marcha V. ?

4. ¿ Volveré á ver á V. ?

5. C'est avec un vrai chagrin que je vous quitte.

5. Con verdadero pesar me separo de V.

6. Nous étions si bien tous ensemble.

6. ¡ Estabamos tan bien juntos !

7. Pourquoi nous séparer si vite ?

7. ¿ Porqué separarnos tan pronto ?

8. Je n'oublierai jamais le plaisir que j'ai goûté dans votre société.

8. Jamás olvidaré el gusto que he tenido al lado de V.

9. J'aurai le plaisir de vous voir à mon retour.

9. Tendré la satisfaccion de ver á V. á mi vuelta.

10. Soyez persuadé que je ne vous oublierai pas.

10. Viva V. persuadido de que no le olvidaré.

11. Avez-vous quelques commissions pour.... ?

11. ¿ Tiene V. algunos encargos para........ ?

12. Quand comptez-vous partir ?

12. ¿ Cuándo piensa V. marchar ?

13. Je vous fais mon compliment, c'est un beau voyage que vous allez entreprendre.

13. Felicito á V. por el hermoso viaje que va á emprender.

14. Combien de temps pensez-vous être absent ?

14. ¿ Cuánto tiempo estará V. ausente ?

15. J'espère que je serai bientôt de retour.

15. Espero regresar pronto.

16. Quand pensez-vous être de retour ?

16. ¿ Cuando piensa V. volver ?

17. Si je puis vous être utile, disposez de moi.

17. Disponga V. de mí si puedo serle útil.

18. Si je ne craignais d'être indiscret, je vous prierais de vous charger de ce petit paquet — de cette lettre pour mon ami M. X....

18. Si no temiera ser indiscreto, daría á V. este paquetito — esta carta para mi amigo X...

19. Puisque vous avez cette bonté, je profiterai de votre offre.

19. Ya que es V. tan bueno me aprovecharé de su oferta.

20. Je viens de recevoir une lettre de ma famille qui me rappelle subitement.

20. Acabo de recibir una carta de mi familia que me llama de repente.

21. Un de mes parents est sérieusement malade.

22. Je ne puis différer mon départ.

23. Soyez sûr que nous nous reverrons.

24. Vous reverrai-je une fois avant votre départ ?

25. A quelle heure partez-vous ?

26. J'irai vous conduire à la gare.

27. Vous serez bien aimable.

28. Je vous écrirai dès que je serai arrivé.

29. Ne manquez pas de me donner de vos nouvelles.

30. N'oubliez pas mon adresse.

31. Bon voyage — adieu — au revoir.

21. Un amigo mio está gravemente enfermo.

22. No puedo diferir mi marcha.

23. Esté V. seguro que nos volveremos á ver.

24. ¿ Veré á V. otra vez ántes de su marcha ?

25. ¿ Á qué hora marcha V. ?

26. Acompañaré á V. á la estacion.

27. Será V. muy amable.

28. Escribiré á V. en cuanto llegue.

29. No deje V. de darme noticias suyas.

30. No olvide V. mis señas.

31. Buen viaje — Adios — hasta la vista.

VII. Pour exprimer l'amitié.

VII. Para expresar la amistad.

1. Nous ne nous quittons pas.

2. Je le vois tous les jours.

3. Il m'a donné mille preuves d'amitié.

4. Sa présence m'est fort agréable.

5. Nous n'avons pas de secrets l'un pour l'autre.

6. Je ne saurais vous exprimer toute la sympathie que j'ai pour vous.

1. No nos separamos.

2. Le veo todos los dias.

3. Me ha dado mil pruebas de amistad.

4. Su presencia me es muy grata.

5. No tenemos secretos uno para otro.

6. No podria expresar toda la simpatía que V. me merece.

7. Notre amitié a été toute spontanée.

8. Que ne vivons-nous ensemble !

9. J'ai pour lui la plus grande estime.

10. Nous nous accordons parfaitement.

11. Il a toutes mes sympathies.

12. Il me rend bien l'amitié que j'ai pour lui.

13. C'est mon ami — mon meilleur ami.

14. Nous sommes intimement liés.

VIII. Pour exprimer l'aversion.

1. Je n'aime pas cette personne.

2. Cette personne m'est antipathique.

3. Je n'ai que de l'aversion pour lui.

4. Son abord me glace.

5. Nous ne nous aimons guère.

6. Quel être insupportable !

7. L'ennuyeux personnage !

8. Je l'évite autant que possible.

9. Sa conversation me déplaît.

10. Ses manières sont désagréables.

7. Nuestra amistad fué muy espontánea.

8. ¡ Porqué no vivimos juntos !

9. Le estimo en sumo grado.

10. Nos entendemos muy bien.

11. Merece todas mis simpatías.

12. Me devuelve la amistad que le profeso.

13. Es mi amigo — mi mejor amigo.

14. Estamos íntimamente ligados.

VIII. Para expresar la aversion.

1. No me gusta esa persona.

2. Ese indivíduo me es antipático.

3. Solo me inspira aversion.

4. Su trato me hiela.

5. No nos queremos.

6. ¡ Qué ente tan insoportable !

7. ¡ Qué hombre tan fastidioso !

8. Le evito cuanto puedo.

9. Su conversacion me desagrada.

10. Són desagradables sus modales.

11. Il a un très-mauvais caractère.

12. Sa figure est repoussante.

13. Décidément je ne puis le souffrir.

14. Il est impossible de vivre avec lui.

15. C'est un homme mal élevé.

16. Il est détesté de tout le monde.

11. Tiene muy mal carácter.

12. Su figura es repugnante.

13. En suma, no le puedo sufrir.

14. Es imposible vivir con él.

15. Es un hombre mal educado.

16. Todos le detestan.

IX. La joie et le plaisir.

1. J'en suis très-content.

2. Rien ne pouvait m'être plus agréable.

3. J'en suis ravi — enchanté — bien aise.

4. Cette nouvelle me fait grand plaisir.

5. Quelle joie pour toute la famille !

6. Ce voyage me fait un plaisir extrême.

7. Je suis bien heureux de voir d'aussi belles choses.

8. Je vous en fais mon compliment.

9. Je suis très-content d'être arrivé.

10. Je suis enchanté d'en être débarrassé.

11. J'en suis on ne peut plus content.

12. Vous me comblez de joie.

IX. El gozo y el placer.

1. Estoy muy contento.

2. Nada podia serme mas grato.

3. Eso me alegra — me encanta — me agrada.

4. Celebro mucho esa noticia.

5. ¡ Qué gozo para toda la familia !

6. Ese viaje me causa un placer extremo.

7. Me felicito de ver tantas bellezas.

8. Doy á V. la enhorabuena.

9. Me alegra mucho haber llegado.

10. Celebro verme libre de él.

11. Reboso de júbilo.

12. Me llena V. de alegría.

13. Je suis très-heureux de vous être agréable.

14. Tout le plaisir est pour moi.

15. Je partage votre satisfaction.

16. Que l'on est heureux de voyager !

17. C'est le plus grand plaisir que vous puissiez me faire.

18. Nous en sommes tous très-heureux.

X. L'admiration.

1. L'âme se dilate à la vue de toutes ces merveilles.

2. Je n'ai rien vu d'aussi beau.

3. Je n'en puis croire mes yeux.

4. Si on ne le voyait, on n'y croirait pas.

5. Je ne connais rien de plus beau au monde.

6. En croirai-je mes yeux ?

7. Cette vue est superbe — magnifique — splendide — merveilleuse.

8. Je ne me lasse pas d'admirer ce tableau.

9. C'est d'un effet prodigieux.

10. C'est d'un grandiose incroyable.

11. C'est prodigieux — admirable.

13. Me complazco en ser á V. agradable.

14. Todo el placer es mio.

15. Participo de su satisfaccion de V.

16. ¡ Qué dicha es viajar !

17. No puede V. proporcionarme mayor satisfaccion.

18. Á todos nos hace muy felices.

X. La admiracion.

1. El alma se ensancha al ver todas esas maravillas.

2. Nada he visto mas bello.

3. ¿ No me engañan mis ojos ?

4. No se creeria sin verlo.

5. Nada he visto mas bello en el mundo.

6. ¿ Es verdad lo que veo ?

7. Esta vista es soberbia — magnifica — esplendida — maravillosa.

8. No me canso de admirar ese cuadro.

9. Es de un efecto prodigioso.

10. Es una grandeza increible.

11. Es portentoso — admirable.

12. On resterait une journée à le regarder.

13. J'ai rarement vu une aussi jolie femme.

14. Je suis en admiration devant tout ce que je vois.

15. C'est un des plus beaux points de vue du monde.

12. No basta un dia para contemplarlo.

13. Pocas veces he visto una mujer tan hermosa.

14. Me embelesa cuanto veo.

15. Es uno de los mas bellos puntos de vista del universo.

XI. L'étonnement, la surprise, le doute.

XI. El asombro, la sorpresa, la duda.

1. Voilà qui est étonnant.

2. Cela me paraît incroyable.

3. Que me dites-vous là?

4. C'est à n'y pas croire.

5. Qui s'en serait douté?

6. Je suis très-surpris de ce que vous me dites.

7. Cela passe toutes prévisions.

8. Ah! par exemple!

9. Je ne m'en serais jamais douté.

10. Ah! la bonne plaisanterie!

11. Vraiment! vous parlez sérieusement?

12. En croirai-je mes yeux?

13. Plus j'y pense, plus j'en suis étonné.

14. Personne ne pouvait prévoir cela.

15. Permettez-moi d'en douter.

1. ¿ Es extraño ?

2. Eso me parece increible.

3. ¿ Qué me dice V. ?

4. ¡ No se puede creer !

5. ¿ Quién lo hubiese sospechado ?

6. Mucho me sorprende lo que V. me dice.

7. Eso excede á toda prevision.

8. ¡ Vaya !

9. ¡ Nunca lo hubiera creido !

10. La broma es buena.

11. ¿ De veras? ¿ habla V. seriamente ?

12. ¿ Me engañan mis ojos ?

13. ¡ Cuanto mas lo pienso, tanto mas me asombro !

14. Nadie podia preverlo.

15. Permítame V. que lo dude.

16. En êtes-vous bien certain?

16. ¿ Está V. bien seguro de ello ?

17. Vous vous trompez sans doute

17. Sin duda se equivoca V.

18. Cela ne se peut pas.

18. Eso no puede ser.

19. Vous avez été mal informé.

19. Le han informado á V. mal.

20. Il faut le voir pour le croire.

20. Preciso es verlo para creerlo.

21. Cómment cela se fait-il ?

21. ¿ Cómo es eso ?

22. J'ai bien de la peine à le croire.

22. Mucho me cuesta creerlo.

23. Cela me paraît bien étrange.

23. Eso me parece bien extraño.

XII. Le chagrin, la douleur.

XII. El pesar, el dolor.

1. Je suis bien malheureux.

1. Soy muy desgraciado.

2. Combien vous êtes éprouvé !

2. ¡ Qué desgracia es la de V. !

3. Je prends part à votre douleur.

3. Participo de su dolor.

4. Je comprends votre chagrin.

4. Comprendo el pesar de V.

5. Cela me désespère.

5. Eso me desespera.

6. Rien ne pouvait arriver de plus malheureux.

6. No podia sucederme mayor desdicha.

7. Nous voilà dans de beaux draps !

7. ¡ Frescos estamos !

8. Qu'allons-nous devenir?

8. ¡ Qué va á ser de nosotros !

9. Croyez que je comprends votre peine.

9. Crea V. que comprendo su pena.

10. Je suis au désespoir.

10. Estoy en la desesperacion.

11. Je vous plains de tout mon cœur.

11. Le compadezco á V. con toda mi alma.

12. Mon pauvre ami, que je vous plains !

12. ¡ Pobre amigo mio ! le compadezco á V.

13. Je ne puis que pleurer avec vous.

13. Solo puedo acompañar á V. á llorar.

14. Faites appel à votre courage.

14. Apele V. al valor.

15. Il faut avoir bien du malheur.

15. Preciso es ser bien desgraciado.

16. Vous n'avez vraiment pas de chance.

16. No tiene V. suerte.

17. La fatalité vous poursuit.

17. La fatalidad persigue á V.

18. C'est un guignon sans pareil.

18. Es desdicha sin igual.

19. Il ne faut pourtant pas se laisser abattre.

19. Sin embargo no hay que dejarse abatir.

20. Faites appel à toute votre énergie.

20. Recurra V. á toda su energia.

21. C'est une douleur intolérable.

21. Es un dolor intolerable.

22. Je voudrais pouvoir partager vos ennuis.

22. Quisiera poder compartir sus disgustos.

23. Il faut faire contre mauvaise fortune bon cœur.

23. Hay que hacer de tripas corazon.

XIII. Le mécontentement.

XIII. El descontento.

1. Je ne suis pas content de vous.

1. No estoy contento con V.

2. Je ne souffrirai pas cela.

2. No sufriré eso.

3. Je vous avais dit de ne pas le faire.

3. Ya dije á V. que no lo hiciese.

4. Comment avez-vous pu faire cela ?

4. ¿ Cómo ha podido V. hacer eso ?

5. Est-ce comme cela que vous faites ce que l'on vous demande ?

5. ¿ Así hace V. lo que se le manda ?

6. Je suis fort mécontent de vous.

6. Estoy muy descontento de V.

7. Cela ne pourra pas continuer ainsi.

7. No podrá continuar así.

8. Puisque vous ne voulez pas faire ce que je vous dis, vous pouvez vous en aller.

8. Ya que no quiere V. hacer lo que le digo, puede marcharse.

9. Vous êtes trop maladroit.

9. Es V. muy torpe.

10. Vous y mettez de la mauvaise volonté.

10. Tiene V. mala voluntad.

11. Taisez-vous, en voilà assez.

11. Silencio, basta.

12. Vous mériteriez que je vous mette à la porte.

12. Merece V. que le eche á la calle.

13. Allez-vous-en, laissez-moi tranquille.

13. Váyase V., déjeme en paz.

14. Prenez garde une autre fois.

14. Cuidado otra vez.

15. Vous ne faites attention à rien.

15. No hace V. caso de nada.

16. C'est bien, n'en parlons plus.

16. Bueno, no hablemos mas.

17. Finissez! vous dis-je.

17. Basta ! digó.

18. Pas tant de raisons.

18. Ménos razones.

19. Faites comme je vous dis.

19. Haga V. como digo.

20. Souvenez-vous-en une autre fois.

20. Acuérdese V. otra vez.

21. Allez-vous vous taire ?

21. ¿ Se callará V. ?

22. Allez au diable! laissez-moi la paix.

22. Váyase V. al diablo, déjeme en paz.

23. Votre conduite est intolérable.

23. Su conducta es intolerable.

24. Vous mériteriez que je vous chasse.

24. Merecería V. que le echase.

XIV. La colère.

1. Je suis furieux.
2. Vous me voyez fort en colère.
3. Je suis de bien mauvaise humeur.
4. Je suis très-fâché.
5. De quelle humeur êtes-vous donc aujourd'hui ?
6. Sur quelle herbe avez-vous marché ?
7. Vous êtes inabordable.
8. On ne sait par quel bout vous prendre.
9. Finissons, je suis à bout de patience.
10. Vous paraissez de bien mauvaise humeur.
11. Vous avez tort de vous fâcher ainsi.
12. Ne vous mettez pas en colère.
13. Si vous vous emportez, nous ne pourrons plus nous entendre.
14. A quoi sert de vous mettre en colère ?
15. Vous n'arriverez à rien en vous fâchant.
16. Pourquoi cette colère ?
17. Si vous recommencez, vous aurez affaire à moi.
18. Je vais vous faire faire connaissance avec ma canne.

XIV. La colera.

1. Estoy furioso.
2. Reviento de cólera.
3. Estoy de muy mal humor.
4. Estoy muy enfadado.
5. ¿ Qué humor tiene V. pues, hoy ?
6. ¿ Qué mala yerba ha pisado V. ?
7. Está V. intratable.
8. No se sabe por qué cabo se le ha de coger á V.
9. Acabemos, se me agota la paciencia.
10. Parece que está V. de muy mal humor.
11. Hace V. mal en enfadarse así.
12. No se irrite V.
13. Si V. se encoleriza, no podemos entendernos.
14. ¿ De qué sirve el encolerizarse ?
15. Nada se consigue con enfadarse.
16. ¿ Á qué es esa cólera ?
17. Si vuelve V. á las andadas nos veremos las caras.
18. Va V. á entrar en relaciones con mi palo.

19. Voyons, calmez-vous, en voilà assez.

19. Vaya tranquilícese V., ya basta.

20. Faites attention à vos paroles.

20. Mida V. sus palabras.

XV. Le temps et ses composés.

XV. El tiempo y sus divisiones.

1. Pourvu que j'arrive à l'heure.

1. Con tal que llegue á la hora.

2. Je me suis trompé d'heure.

2. Me equivoqué de hora.

3. A quelle heure le déjeuner — le dîner — le souper — le départ — l'arrivée ?

3. ¿ Á qué hora es el almuerzo — la comida — la cena — la salida — la llegada ?

4. A quelle heure les courses commencent-elles ?

4. ¿ Á qué hora empiezan las corridas ?

5. Dans combien de temps les bureaux ouvriront-ils ?

5. ¿ Cuánto tiempo tardarán en abrir los despachos ?

6. C'est une heure fort incommode — gênante — désagréable.

6. Es una hora muy incómoda — molesta — desagradable.

7. C'est de bien bonne heure.

7. Es bien temprano.

8. C'est vraiment trop tard.

8. Realmente es muy tarde.

9. Je l'attends d'heure en heure.

9. De hora en hora le espero.

10. Comment ! il est déjà... heure ?

10. Cómo ! son ya las.....?

11. Je suis ici depuis... heure.

11. Estoy aquí desde hace horas.

12. Attendre une heure, c'est bien long.

12. Es muy largo esperar una hora.

13. Il ne faut pas une heure pour aller là.

13. No se necesita una hora para ir allá.

14. Vingt minutes me suffiront.

14. Veinte minutos me bastarán.

15. Quelle heure est-il, s'il vous plaît ?

15. ¿ Tiene V. la bondad de decirme qué hora es ?

16. J'oublie l'heure auprès de vous.

16. Olvido la hora al lado de V.

17. Fixez l'heure et comptez sur moi.

17. Fije V. la hora y cuente conmigo.

18. Quelle est l'heure qui vient de sonner ?

18. ¿ Qué hora acaba de dar ?

19. Notre promenade ne durera qu'une heure.

19. Nuestro paseo durará solo dos horas.

20. Il n'est que midi, j'ai encore le temps.

20. No son mas que las doce ; tengo tiempo todavía.

21. L'heure avance, hâtons-nous.

21. El tiempo vuela, despachémonos.

22. L'heure est passée; il est trop tard.

22. Pasó la hora, es ya tarde.

23. A quelle heure dînez-vous ?

23. ¿ Á qué hora come V. ?

24. A quelle heure pourrai-je vous rencontrer ?

24. ¿ Á qué hora podria encontrar á V. ?

25. Il fait petit jour — jour — grand jour.

25. Clarea el dia — es de dia — dia entrado.

26. Ce sera pour un autre jour.

26. Será para otro dia.

27. C'est un grand — beau — heureux — malheureux — mauvais — triste jour.

27. Es un dia — grande — bueno — hermoso — desgraciado — malo — triste.

28. Les forces reviennent de jour en jour.

28. Las fuerzas vuelven de dia en dia.

29. Je vis au jour le jour.

29. Nunca guardo para mañana.

30. Encore un jour de perdu.

30. ¡ Otro dia perdido !

31. Pourquoi ce jour-là plutôt qu'un autre ?

31. ¿ Porqué ese dia mas bien que otro ?

32. Je l'ai vu — aperçu — rencontré l'autre jour.

32. Le ví — le encontré — el otro dia.

33. Un jour ou l'autre, peu m'importe.

33. Un dia ú otro poco me importa.

34. Nous nous reverrons un de ces jours.

35. Ce sera terminé sous peu de jours.

36. Patientez encore quelques jours.

37. Cela arrive tous les jours.

38. Je partirai — j'irai — dans... jours.

39. J'irai dans huit jours.

40. Voilà notre journée employée.

41. Cela durera toute la journée — une partie de la journée.

42. Quelle charmante journée nous avons passée!

43. Je ne rentrerai pas de la journée.

44. La journée s'annonce bien.

45. Vous voilà de grand matin.

46. Que faisons-nous ce matin?

47. J'ai rendez-vous ce matin.

48. Voici une bien belle matinée.

49. Pouvez-vous disposer de votre matinée?

50. Je n'ai rien fait de la matinée.

51. Aujourd'hui ou demain à votre choix.

52. Il m'est impossible d'y aller aujourd'hui.

34. Nos volveremos á ver un dia de estos.

35. Estará concluido en breves dias.

36. Espere V. aun algunos dias.

37. Eso sucede todos los dias.

38. Partiré — iré — dentro de... dias.

39. Hace hoy ocho dias.

40. Ya tenemos empleado nuestro dia.

41. Eso durará todo el dia — parte del dia.

42. ¡Qué buen dia hemos pasado!

43. No volveré á entrar en todo el dia.

44. El dia se presenta bueno.

45. ¡Ahí está V. tan temprano!

46. ¿Que hacemos esta mañana?

47. Tengo cita esta mañana.

48. Qué hermosa mañana!

49. ¿Puedo V. disponer de la mañana?

50. Nada he hecho en toda la mañana.

51. Hoy ó mañana como V. quiera.

52. No puedo ir hoy.

53. Après-demain je serai à votre disposition.

54. Je l'ai rencontré avant-hier.

55. Je suis indisposé depuis hier.

56. Que faites-vous de votre soirée ?

57. Il faudra me prévenir la veille.

58. La veille, on ne se doute de rien.

59. J'irai vous prendre ce soir.

60. Je vous attendrai ce soir à... heures.

61. Vous allez me faire passer la nuit à la belle étoile.

62. Il ne faut pas faire du jour la nuit.

63 Allons-nous cette après-midi visiter... ?

64. Vous savez que l'on nous attend ce matin.

65. La soirée s'avance, il est temps de partir.

66. Quel admirable coucher de soleil !

67. Les soirées dans ce pays sont délicieuses.

68. La soirée est fraîche, il faut se couvrir.

69. Le temps va se mettre à la pluie.

70. Comment avez-vous passé la nuit ?

71. Je vous souhaite une bonne nuit.

53. Pasado mañana estaré á la disposicion de V.

54. Le encontré ántes de ayer.

55. Estoy indispuesto desde ayer.

56. ¿ Qué hace V. esta noche ?

57. Será preciso prevenirme la víspera.

58. La víspera nadie sabe lo que hará.

59. Iré á buscar á V. esta tarde.

60. Esperaré á V. esta tarde á las.....

61. Va V. á hacerme pasar la noche á la luz de las estrellas.

62. No hay que hacer del dia noche.

63. ¿ Vamos esta tarde á visitar... ?

64. Sabe V. que nos esperan esta mañana.

65. La noche avanza, es tiempo de partir.

66. ¡ Qué admirable puesta del sol !

67. Las tardes son deliciosas en este pais.

68. La noche es fresca, hay que cubrirse.

69. El tiempo indica lluvia.

70. ¿ Cómo ha pasado V. la noche ?

71. Deseo á V. una buena noche.

72. La nuit porte conseil, nous en reparlerons demain matin.

72. Lo consultaré con la almohada y hablaremos mañana por la mañana.

73. Votre absence durera-t-elle longtemps?

73. ¿ Durará mucho la ausencia de V.?

74. Pensez-vous être absent plus d'une semaine?

74. ¿ Piensa V. estar ausente mas de ocho dias ?

75. Le musée sera-t-il ouvert la semaine prochaine?

75. ¿ Estará abierto el museo la semana próxima ?

76. Quel changement d'une semaine à l'autre !

76. ¡ Qué cambio de una semana á otra !

77. Tout ce mois-ci a été très-beau.

77. Todo este mes ha sido muy hermoso.

78. Les matinées et les soirées sont fraîches.

78. Las mañanitas y las noches son frescas.

79. Je suis parti depuis deux mois.

79. Salí dos meses ha.

80. Je resterais avec plaisir plusieurs mois ici.

80. Me quedaré con gusto aquí varios meses.

81. Je vous souhaite une heureuse année.

81. Deseo á V. un año feliz.

82. Il y avait trois ans que je n'étais venu dans ce pays.

82. Hacia tres años que no venia á este país.

83. Chaque année la ville s'embellit.

83. Cada año se embellece la ciudad.

84. Je suis heureux de vous revoir en bonne santé, après tant d'années.

84. Me complazco en ver á V. tan bueno al cabo de tantos años.

85. Les années passent sur vous, sans y laisser de traces.

85. Los años pasan por V. sin dejar huellas.

86. Il me semble qu'il y a un siècle que je ne vous ai vu.

86. Me parece que hace un siglo que no he visto á V.

87. Dans quel siècle ce monument a-t-il été construit?

87. ¿ En qué siglo se construyó ese monumento ?

88. Un siècle détruit ce qu'un autre a produit.

88. Un siglo destruye lo que el otro produce.

89. Il faut être de son siècle.

89. Es preciso ser de su siglo.

CHAPITRE VI

DE LA SANTÉ ET DES SOINS

I. Chez un pharmacien.

1. J'ai recours à vous pour un petit accident qui vient de m'arriver.

2. Mon pied a glissé sur un trottoir, et en tombant je me suis foulé le poignet.

3. Je me suis donné une entorse.

4. Auriez-vous la complaisance de m'y mettre une compresse d'alcool camphré et une bande pour la maintenir ?

5. Je viens d'avoir le doigt écrasé entre la portière d'une voiture, je voudrais de l'arnica pour l'y mettre baigner.

6. Depuis deux heures, j'ai un saignement de nez qui ne s'arrête pas, ne pouvez-vous me donner quelque chose pour le faire cesser ?

7. Je me suis blessé au genou en tombant, que pouvez-vous me donner pour mettre dessus ?

8. Je me suis écorché le front, pourriez-vous me donner un peu de taffetas d'Angleterre pour mettre dessus ?

I. Con un farmacéutico.

1. Acudo á V. por un fracaso que me ha sucedido.

2. Se me resbaló el pié en la acera y al caer me disloqué la muñeca.

3. Me he torcido el pié.

4. Sírvase V. aplicarme un apósito de alcool alcanforado y una venda para sujetarle.

5. Acabo de aplastarme el dedo en la portezuela de un coche y quisiera árnica para bañármelo.

6. Hace dos horas que sangro sin parar de nariz ¿ me da V. algo para cortar la sangre ?

7. Me he herido la rodilla al caer ¿ que puede V. darme para ponerme en ella ?

8. Me he despellejado la frente ¿ me da V. un poco de tafetan inglés ?

9. Si vous n'avez pas de taffetas d'Angleterre, donnez-moi quelque chose qui produise le même effet.

9. Si no tiene V. tafetan inglés, déme algo que produzca el mismo efecto.

10. J'ai un mal de doigt qui depuis plusieurs jours me fait beaucoup souffrir.

10. Hace varios dias que me duele mucho este dedo.

11. Ayez la complaisance de l'examiner.

11. Sirvase V. examinarlo.

12. Que me conseillez-vous de mettre dessus ?

12. ¿ Qué he de ponerme ?

13. J'ai déjà mis de petits cataplasmes.

13. Ya he puesto cataplasmas.

14. Croyez-vous que je doive aller chez un médecin pour le faire ouvrir ?

14. ¿ Cree V. que deba ir á ver al médico para abrírmelo ?

15. Si vous pouvez le faire vous-même, je le préférerais.

15. Preferiria que lo hiciese V.

16. Croyez-vous que je perdrai l'ongle ?

16. ¿ Cree V. que pierda la uña ?

17. J'ai recours à votre obligeance pour vous prier de m'enlever un corps étranger qui m'est entré dans l'œil et qui, depuis ce matin, m'empêche de voir clair.

17. Acudo á V. para que me saque un cuerpo extraño que se me ha metido en el ojo y que desde esta mañana me impide ver.

18. Vous m'avez rendu un véritable service, vous êtes fort adroit.

18. Me ha hecho V. un gran favor : es V. muy hábil.

19. J'ai une écharde, c'est-à-dire un petit bout d'épine qui m'est entré dans le doigt; — je ne puis la retirer, vous seriez bien aimable de voir si cela vous est possible.

19. Tengo un rancajo, es decir la punta de una espina que se me metió en el dedo, no puedo sacarla, sírvase V. ver si lo puede conseguir.

20. Merci beaucoup, on n'est pas plus adroit.

20. Mil gracias, es V. en extremo hábil.

21. Oserai-je vous demander ce dont je vous suis redevable?

21. ¿ Me atreveré á preguntar á V. cuanto le debo ?

22. Vous êtes trop aimable, mais je ne puis accepter.

22. Es V. muy amable, pero no puedo aceptar.

23. Puisque vous vous y refusez absolument, je n'insisterai pas davantage.

23. Si V. rehusa absolutamente no insisto mas.

24. Permettez-moi de vous laisser ceci pour les pauvres.

24. Permítame V. dejar esto para los pobres.

25. Je voudrais une bouteille de limonade purgative.

25. Quisiera una limonada purgativa.

26. Avez-vous des irrigateurs ?

26. ¿ Tiene V. irrigadores ?

27. Quel prix vendez-vous celui-ci ?

27. ¿ En cuánto vende V. este ?

28. Avez-vous une grandeur au-dessous ?

28. ¿ Tiene V. un tamaño menor ?

29. Auriez-vous la complaisance de me préparer cette ordonnance ?

29. ¿ Se servirá V. prepararme esta receta ?

30. Combien de temps vous faut-il pour cela ?

30. ¿ Cuánto tiempo necesita V. para ello ?

31. Dans combien de temps puis-je l'envoyer prendre ?

31. ¿ Cuando puedo enviarla á buscar ?

32. Pouvez-vous, sitôt prête, l'envoyer à mon hôtel ?

32. Así que este lista ¿ puede V. enviarla á mi fonda ?

33. Je désirerais un petit flacon d'éther.

33. Descaria un frasquito de éter.

34. — de sirop d'éther.

34. — de jarabe de éter.

35. — dix gouttes de laudanum.

35. — diez gotas de laudano.

36. — un flacon de magnésie.

36. — un frasco de magnesia.

37. — une petite bouteille de vin aromatique.

37. — una botellita de vino aromático.

38. Je désirerais un petit pot de pommade de concombre-

39. — un flacon d'arnica.

40. — trente grammes d'huile de ricin.

41. — du taffetas d'Angle. terre.

42. — de l'alcool camphré.

43. — une bouteille de vin de quinquina.

44. — du papier chimique.

45. — un léger vomitif.

46. — de l'eau sédative.

47. — un pot de pommade camphrée.

38. Desearia un potecito de pomada de cohombro.

39. — un frasco de árnica.

40. — treinta gramos de aceite de ricino.

41. — tafetan inglés.

42. — de alcool alcanfo- rado.

43. — una botella de vino de quinquina.

44. — papel químico.

45. — un vomitivo suave.

46. — agua sedativa.

47. — un tarro de pomada alcanforada.

II. Avec le médecin.

II. Con un médico.

1. Je suis indisposé, et je voudrais consulter un médecin.

2. Connaissez-vous un médecin dans le talent duquel je pourrais avoir confiance ?

3. Ce médecin est-il un homme d'expérience ?

4. Soyez assez bon pour le faire demander.

5. Priez-le de passer aussitôt que possible, je suis très-souffrant.

6. Monsieur le docteur, j'ai recours à vous pour vous prier de bien vouloir me donner vos soins.

7. Sur la recommandation de M. X..., je me suis per-

1. Me encuentro indispuesto y quisiera consultar á un médico.

2. ¿ Conoce V. á un médico cuyo talento inspire confianza ?

3. ¿ Es ese médico hombre de experiencia ?

4. Sírvase V. mandarle llamar.

5. Ruéguele V. que venga cuanto ántes pueda, sufro mucho.

6. Señor médico, acudo á V. para que tenga á bien prestarme su asistencia.

7. Bajo la recomendacion del Sr. X... me he permitido

mis de vous déranger pour une indisposition que j'ai depuis quelques jours.

8. J'ai un très-grand mal de tête — des étourdissements — cela ne ressemble pas à une migraine.

9. Ma vue est obscurcie, j'ai des bourdonnements dans les oreilles.

10. Croyez-vous que je doive prendre un bain de pieds ? — faut-il y mettre de la moutarde?

11. Quelle quantité environ ?

12. Faut-il mettre des sinapismes ?

13. J'ai un très-grand mal de gorge — je ne peux pas respirer — c'est à peine si je puis avaler ma salive.

14. Quel gargarisme me conseillez-vous ? veuillez me l'écrire.

15. Ne serait-ce pas le commencement d'une angine?

16. Si vous croyez que cela soit utile, n'hésitez pas à me cautériser la gorge.

17. J'ai un très-fort torticolis, c'est-à-dire que je ne puis pas tourner la tête.

18. Ce doit être un chaud et froid.

19. N'auriez-vous pas un liniment avec lequel je pourrais me frictionner pour diminuer la douleur ?

molestar á V. por una indisposicion que tengo hace dias.

8. Me duele mucho la cabeza — tengo vahidos — esto no se parece á una jaqueca.

9. Se me ofusca la vista, me zumban los oidos.

10. ¿ Cree V. que debo tomar un baño de piés — echar mostaza ?

11. ¿ Qué cantidad próximamente ?

12. ¿ Me pondré sinapismos ?

13. Me duele mucho la garganta — no puedo respirar — apénas puedo tragar la saliva.

14. ¿ Qué gargarismo me receta V. ? sírvase escribirlo.

15. ¿ Será principio de angina ?

16. Si lo cree V. útil, cauteríceme la garganta.

17. Tengo un torticolis muy fuerte, es decir que no puedo menear la cabeza.

18. Debe ser un pasmo.

19. ¿ No tiene V. un linimento con que frotarme para templar el dolor ?

20. Depuis quelques jours, j'ai la bile en mouvement. Je n'ai pas d'appétit.

21. J'ai la langue chargée.

22. J'ai la bouche mauvaise.

23. Je dois avoir besoin d'une médecine.

24. Laquelle me conseillez-vous ?

25. De l'huile de ricin — de la limonade — de la magnésie — de la manne ?

26. Veuillez m'en faire une ordonnance.

27. J'ai l'estomac très-susceptible, ne me donnez pas quelque chose de fort.

28. Je suis assez difficile à purger, il me faut une dose assez forte.

29. Tâchez de me trouver quelque chose qui ne soit pas trop désagréable à prendre.

30. Je ne puis aller à la garde-robe.

31. J'ai le corps dérangé.

32. J'ai de violentes coliques

33. Vous me conseillez des lavements ?

34. Croyez-vous que des cataplasmes me feraient du bien ?

35. Dois-je faire diète ?

36. Je digère très-mal ; j'ai de violents maux d'estomac après mes repas.

20. Hace dias que tengo irritada la bilis. Estoy inapetente.

21. Tengo la lengua cargada.

22. Tengo la boca mala.

23. Debo necesitar una medicina.

24. ¿ Cual me aconseja V. ?

25. Aceite de ricino — limonada — magnesia — de maná.

26. Sírvase V. darme una receta.

27. Tengo el estómago muy delicado, no me dé V. algo de fuerte.

28. Soy bastante dificil de purgar, necesito una dósis algo fuerte.

29. Procúreme V. algo que no sea desagradable de tomar.

30. No puedo ir al asiento.

31. Tengo el vientre descompuesto.

32. Tengo cólicos violentos.

33. ¿ Me aconseja V. lavativas ?

34. ¿ Cree V. que las cataplasmas me harán provecho ?

35. ¿ Debo hacer dieta ?

36. Digiero muy mal, me duele mucho el estómago despues de las comidas.

37. Je crois que la cuisine du pays m'a donné une grande inflammation.

38. J'ai une grande altération.

39. Je dois avoir la fièvre.

40. Je ne puis pas dormir la nuit.

41. Excusez-moi si je vous fais répéter. — Je ne suis pas familiarisé avec l'anglais — l'allemand — l'italien — l'espagnol.

42. Que me donnez-vous pour me couper la fièvre ?

43. La quinine me dérange toujours l'estomac.

44. Ne pouvez-vous me trouver autre chose ?

45. J'ai des palpitations de cœur.

46. Je prends généralement pour cela des pilules de belladone.

47. Pouvez-vous m'en faire une ordonnance ?

48. J'ai une vive douleur au côté droit.

49. J'ai une grande irritation de poitrine.

50. Auriez-vous la complaisance de m'ausculter avec soin ?

51. Ne voyez-vous rien du côté des poumons ?

52. J'ai une toux très-persistante.

53. N'hésitez pas à employer des moyens énergi-

37. Creo que la cocina del pais me ha dado una gran inflamacion.

38. Estoy muy alterado.

39. Debo tener calentura.

40. No puedo dormir por la noche.

41. Dispénseme V. si le hago repetir. — No estoy familiarizado con el inglés — con el aleman — con el italiano — con el español.

42. ¿ Qué me da V. para cortar la calentura ?

43. La quina me molesta mucho el estómago.

44. ¿ No puede V. recetarme otra cosa ?

45. Tengo palpitaciones de corazon.

46. Generalmente tomo para esto píldoras de belladona.

47. ¿ Puede V. hacerme una receta ?

48. Me duele mucho el costado derecho.

49. Tengo una gran irritacion de pecho.

50. ¿ Tiene V. la bondad de auscultarme con cuidado?

51. ¿ No notá V. nada hácia los pulmones ?

52. Tengo una tos muy tenaz.

53. No dude V. en emplear medios enérgicos para cu-

ques pour me débarrasser promptement.

rarme pronto.

54. Je suivrai toutes vos prescriptions.

54. Seguiré todas sus prescripciones.

55. Je crois qu'une saignée me ferait du bien.

55. Creo que me vendria bien una sangría.

56. Préférez-vous me mettre des sangsues ?

56. ¿ Prefiere V. que me ponga sanguijuelas ?

57. Devrai-je garder le lit ?

57. ¿ Tendré que guardar cama ?

58. Pourrai-je me lever un peu ?

58. ¿ Podria levantarme un poco ?

59. Pour combien de jours encore pensez-vous que je sois retenu ?

59. ¿ Cuantos dias cree V. que durará ?

60. Pourrai-je bientôt continuer mon voyage ?

60. ¿ Podré continuar pronto el viaje ?

61. Quel régime me conseillez-vous ?

61. ¿ Qué régimen me aconseja V. ?

62. Si mon état était un tant soit peu grave, je tiendrais beaucoup à en être prévenu afin de pouvoir avertir ma famille qui m'attend demain.

62. Si mi estado es grave, deseo saberlo para prevenir á mi familia que me aguarda mañana.

63. Je crains beaucoup l'épidémie.

63. Temo mucho la epidemia.

64. J'ai grande confiance en vous, et je suis complétement rassuré.

64. Confio mucho en V. y estoy bien tranquilo.

65. Il est fort pénible de se trouver malade hors de chez soi.

65. Es muy doloroso estar malo fuera de casa.

66. Pouvez-vous me recommander une garde-malade ?

66. ¿ Puede V. recomendarme una enfermera ?

67. Seriez-vous assez bon pour lui donner vous-même toutes les instructions ?

67. ¿ Tendria V. la bondad de darle todas las instrucciones ?

68. Je suis d'un tempérament très-nerveux — sanguin — bilieux — lymphatique.

69. Quand aurai-je le plaisir de vous revoir ?

70. Ne soyez pas longtemps à revenir.

71. Il me reste à vous remercier et à vous demander ce dont je vous suis redevable.

72. Grâce à vos bons soins, j'espère être sur pied dans quelques jours.

73. Que devrais-je faire si j'avais une rechute ?

74. Auriez-vous la bonté de me l'écrire ?

75. Vous ne voyez aucun inconvénient à ce que je continue mon voyage ?

68. Soy de un temperamento muy nervioso — sanguineo — bilioso — linfático.

69. ¿ Cuando tendré el gusto de volver á ver á V. ?

70. No tarde V. en volver.

71. Solo me resta darle las gracias y preguntarle cuanto le debo.

72. Gracias á la solicitud de V. espero levantarme dentro de unos dias.

73. ¿ Qué haré, si tuviese una recaida ?

74. Sirvase V. escribirmelo.

75. ¿ No ve V. ningun inconveniente para que continue el viaje ?

III. Avec un chirurgien.

III. Con un cirujano.

1. Faites-moi venir un chirurgien.

2. Monsieur, je viens de faire une chute affreuse, et j'ai recours à vos soins.

3. En descendant de voiture, mon pied est resté pris dans le marche-pied, et j'ai été traîné quelques pas.

4. Je suis tombé en descendant de wagon.

5. J'ai glissé dans l'esca-

1. Mande V. cuanto ántes por un cirujano.

2. Caballero, acabo de dar una caida tremenda y recurro al ministerio de V.

3. Al apearme del coche se me enganchó el pié en el estribo y he sido arrastrado unos pasos.

4. Me caí al bajar del wagon.

5. Me resbalé en la esca-

lier, et je suis tombé la tête contre le mur.

6. J'ai été renversé par le brancard d'une voiture.

7. Je viens de faire une chute de cheval.

8. J'ai reçu un coup de pied de cheval.

9. Je souffre horriblement du bras, je dois l'avoir cassé.

10. Examinez-le bien — il me fait beaucoup souffrir.

11. Je souffre de la poitrine et je crache le sang.

12. Je ne puis pas remuer le poignet; il doit être foulé.

13. Je m'en rapporte entièrement à vous, faites tout ce qui est nécessaire.

14. Croyez-vous que j'aie la jambe cassée ?

15. Dois-je mettre des sangsues ?

16. Combien faut-il en mettre ?

17. Devrai-je les laisser saigner longtemps?

18. Me conseillez-vous des ventouses ?

19. Indiquez-moi quelqu'un d'adroit pour me les poser.

20. Serai-je longtemps avant de pouvoir marcher ?

21. Pourrai-je bientôt me servir de mon bras ?

22. Me laisserez-vous longtemps cet appareil-là ?

lera y caí pegándome la cabeza contra la pared.

6. Me echó al suelo la lanza del coche.

7. Acabo de caerme del caballo.

8. He recibido una patada.

9. Sufro horriblemente del brazo, debo tenerle roto.

10. Examínele V. bien — me hace sufrir mucho.

11. Sufro del pecho y escupo sangre.

12. No puedo mover la muñeca; debe estar dislocada.

13. Me remito enteramente á V. haga cuanto sea necesario.

14. ¿ Cree V. que tengo rota la pierna ?

15. ¿ Debo ponerme sanguijuelas ?

16. ¿ Cuantos he de poner ?

17. ¿ Han de sangrar mucho tiempo ?

18. ¿ Me aconseja V. ventosas ?

19. ¿ Diga V. en donde me las he de poner ?

20. ¿ Tardaré mucho en poder andar ?

21. ¿ Podré pronto servirme del brazo ?

22. ¿ Me dejará V. mucho tiempo este aparato ?

23. Quand reviendrez-vous ôter le bandage ?

24. Que faudrait-il faire si l'appareil venait à se déranger ?

IV. Avec une garde-malade.

1. Vous m'êtes adressée par M. X....?

2. Vous avez l'habitude de soigner les malades ?

3. Voici les instructions du docteur.

4. Ayez la complaisance de veiller à ce que le feu ne s'éteigne pas.

5. Faites-moi, je vous prie, une boule d'eau chaude pour mettre au pied du lit.

6. Donnez-moi une cuillerée de cette potion.

7. — une tasse de tisane.

8. Sucrez-la avec ce sirop.

9. Vous en mettez trop.

10. Il n'y en a pas assez.

11. Faites chauffer cette potion au bain-marie.

12. Agitez la bouteille avant de verser.

13. Faites-moi chauffer une serviette.

14. Préparez-moi un cataplasme avec de la farine de lin.

15. Arrangez-le avec soin dans un linge bien mince.

23. ¿ Cuando volverá V. á quitarme la venda ?

24. ¿ Qué haré si se mueve el aparato ?

IV. Con una enfermera.

1. ¿ Viene V. de parte del Señor X. ?

2. ¿ Está V. acostumbrada á cuidar enfermos ?

3. Aquí están las instrucciones del médico.

4. Cuide V. que no se apague el fuego.

5. Póngame V. una botella de agua caliente á los piés de la cama.

6. Deme V. una cucharada de esa bebida.

7. — una taza de tisana.

8. Endúlcela V. con ese jarabe.

9. Echa V. mucho.

10. No hay bastante.

11. Caliente V. esta bebida en el baño-maría.

12. Mence V. la botella ántes de echar.

13. Que me calienten una servilleta.

14. Prepáreme V. una cataplasma con harina de linaza.

15. Póngala V. con cuidado en un paño fino.

16. Donnez-moi un peu d'air.

16. Déme V. un poco de aire.

17. Préparez-moi un lavement selon l'ordonnance du médecin.

17. Prepáreme V. una lavativa segun la receta del médico..

18. Mettez-moi une compresse sur le front.

18. Póngame V. un paño en la frente.

19. Changez-moi cette compresse

19. Múdeme V. este paño.

20. Préparez-moi un petit potage.

20. Prepareme V. una sopita.

21. Donnez-moi un peu de bouillon.

21. Déme V. un poco de caldo.

22. Bassinez bien mon lit.

22. Caliénteme V. bien la cama.

23. Allumez une veilleuse.

23. Encienda V. una lamparilla.

24. Remontez-moi mes oreillers.

24. Levánteme V. las almohadas.

25. Ne parlez pas si haut.

25. No hable V. tan alto.

26. Ne pouvez-vous mettre des pantoufles ?

26. ¿ No puede V. ponerse zapatillas ?

27. Vos souliers font trop de bruit.

27. Esos zapatos hacen mucho ruido.

28. Donnez-moi une cuvette et de l'eau tiède, je vais faire ma toilette.

28. Déme V. una palangana y agua tibia, voy á lavarme.

V. Dans un établissement de bains.

V. En una casa de baños.

1. Pourriez-vous m'indiquer un établissement de bains ?

1. ¿ Puede V. indicarme una casa de baños ?

2. Est-ce près d'ici ?

2. ¿ Está cerca ?

3. Combien de minutes environ ?

3. ¿ Como cuantos minutos ?

4. Y a-t-il une enseigne sur la porte ?

4. ¿ Hay muestra á la puerta ?

5. Est-ce un établissement bien tenu ?

6. Monsieur ou madame, je voudrais un bain simple.

7. — un bain de son.

8. — un bain de barège.

9. — un bain de vapeur.

10. — un bain russe.

11. — un bain de pieds.

12. — un bain de siége.

13. Préparez-moi un bain tiède.

14. Je voudrais un thermomètre pour savoir à combien de degrés est le bain.

15. Ce bain est trop chaud — trop froid.

16. Remettez de l'eau chaude — de l'eau froide.

17. Que mon bain ne soit pas trop chaud.

18. Pourrai-je réchauffer mon bain ?

19. Où est le robinet d'eau froide ?

20. Vous frapperez dans une heure à ma porte.

21. Vous viendrez lorsque je vous sonnerai.

22. Où est le cordon de sonnette ?

23. Donnez-moi un morceau de savon.

24. Lorsque je vous sonnerai, vous m'apporterez un peignoir et deux serviettes.

25. Vous aurez soin que le linge soit bien chaud.

5. ¿ Es un buen establecimiento ?

6. Caballero ó señora, quiero un baño natural.

7. — un baño de salvado.

8. — un baño sulfuroso.

9. — un baño de vapor.

10. — un baño ruso.

11. — un baño de piés.

12. — un baño de asiento.

13. Prepáreme V. un baño tibio.

14. Quisiera un termómetro para saber los grados que tiene el baño.

15. Este baño está muy caliente — muy frio.

16. Eche V. mas agua caliente — fria.

17. Que no esté muy caliente el baño.

18. ¿ Podria calentar mas el baño ?

19. ¿ Cual es la llave de agua fria ?

20. Llamará V. á la puerta dentro de una hora.

21. Venga V. cuando llame.

22. ¿ Donde está el cordon de la campanilla ?

23. Déme V. un pedazo de jabon.

24. Traiga V. cuando llame, un peinador y dos servilletas.

25. Cuide V. que la ropa esté bien caliente.

26. Ce linge n'est pas chaud, faites-le chauffer.

27. Apportez-moi un tire-bottes.

28. Procurez-moi un tire-boutons.

29. Apportez-moi de la lumière.

30. Voici votre pourboire.

Avec un pédicure.

1. Avez-vous un pédicure attaché à l'établissement ?

2. Priez-le de venir.

3. Monsieur, je voudrais bien que vous me coupiez les cors.

4. Je suis très-sensible, allez-y avec précaution.

5. J'ai un ongle qui entre dans la chair, voyez à le couper avec beaucoup de soin.

6. Ne le limez pas — cela m'est très-désagréable.

7. J'ai une écorchure au talon ; que pourrais-je bien mettre dessus ?

8. J'ai une grosseur à l'orteil ; n'y a-t-il rien à faire pour qu'elle ne me fasse pas souffrir ?

9. J'ai une grosseur sous la plante du pied, c'est un durillon que vous devez pouvoir diminuer.

10. Prenez garde, vous me faites mal.

26. La ropa no está caliente, mándela V. calentar.

27. Tráigame V. el saca-botas.

28. Déme V. un sacaboto-nes.

29. Traiga V. luz.

30. Tome V. la propina.

Con un ortopedista.

1. ¿ Hay ortopedista en la casa ?

2. Dígale V. que venga.

3. Mozo, quisiera cortarme lós callos.

4. Soy muy sensible, vaya V. poco á poco.

5. La uña se me mete en la carne córtela V. con cuidado.

6. No la lime V. — me es desagradable.

7. Tengo deshollado el talon, ¿ qué me pondré ?

8. Tengo hinchado el juanete, ¿ qué haré para que no me duela?

9. Tengo un bulto en la planta del pié, es una callosidad que debe V. adelgazar.

10. Cuidado, me hace V. daño.

11. Allez donc plus doucement.

11. Vaya V. con mas tiento.

Bain de vapeur. — Bain russe.

Baño de vapor y baño ruso.

1. Je voudrais un bain de vapeur.

1. Quisiera un baño de vapor.

2. Où prend-on la vapeur ?

2. ¿ En dónde se toma el vapor ?

3. Où est la salle de douches ?

3. ¿ En dónde está la sala de chorro ?

4. N'avez-vous que la salle commune ?

4. ¿ No hay mas que la sala comun ?

5. Vous avez des lits de repos ?

5. ¿ No tiene V. camas de descanso ?

6. Donnez-moi un peignoir bien chaud et une robe de chambre.

6. Déme V. un peinador caliente y una bata.

7. Je voudrais prendre un bain russe.

7. Quisiera tomar un baño ruso.

8. Vos garçons savent-ils bien frictionner ?

8. ¿ Saben los mozos friccionar bien ?

9. J'ai un rhumatisme dans la jambe droite — donnez-moi d'abord une douche de vapeur.

9. Tengo un reuma en la pierna derecha, déme V. primero un chorro de vapor.

10. Je voudrais un masseur.

10. Quisiera un amasador.

11. Ne craignez pas de frotter longtemps.

11. No tema V. restregar mucho.

12. Vous allez trop fort.

12. No tan fuerte.

13. Frictionnez-moi surtout les reins.

13. Frote V. sobre todo los riñones.

14. Reposez-vous un peu, vous continuerez tout à l'heure.

14. Descanse V. un poco, continuarémos despues.

15. Prenez garde, vous me faites mal.

15. Cuidado, me hace V. daño.

16. Je voudrais mainte- | 16. Ahora quisiera envol-
nant me rouler dans une | verme en una manta para
couverture afin de transpirer. | transpirar.

17. Laissez-moi, je vais | 17. Déjeme V., dormiré un
dormir un peu. | poco.

18. Rien ne vous délasse | 18. Nada descansa como
comme une cérémonie pa- | ese acto.
reille.

19. Je me sens maintenant | 19. Me siento ahora reju-
tout rajeuni. | venecido.

VI. Aux bains froids.   VI. Baños frios.

1. A quel endroit peut-on prendre un bain froid ?

1. ¿ Dónde se puede tomar un baño frio ?

2. Il fait une chaleur si grande que je voudrais bien prendre un bain froid.

2. Hace tanto calor que quisiera tomar un baño frio.

3. Il y a pour cela un établissement.

3. Para eso hay un establecimiento.

4. Peut-on s'y baigner sans savoir nager ?

4. ¿ Puede uno bañarse alli sin saber nadar ?

5. Y a-t-il assez d'eau pour nager ?

5. ¿ Hay bastante agua para nadar ?

6. Je voudrais un caleçon et un peignoir.

6. Quisiera un calzoncillo y un peinador.

7. Combien cela coûte-t-il avec l'entrée ?

7. Cuánto cuesta esto con la entrada ?

8. Puis-je laisser sans crainte ma montre et ma bourse dans le cabinet ?

8. ¿ Puedo dejar sin peligro el reloj y la bolsa en el camarote ?

9. Faut-il les déposer au bureau ?

9. ¿ Hay que dejarlos en el despacho ?

10. Je ne sais pas nager, indiquez-moi où je puis descendre sans danger.

10. No sé nadar, dígame V. adonde puedo bajar sin peligro.

11. Ne peut-on avec une barque aller se baigner en pleine rivière?

11. ¿ No se puede ir en bote á bañar en el rio ?

12. Combien cela coûte-t-il en plus ?

13. L'eau est très-belle.

14. L'eau est tellement sale, qu'il faudrait ensuite prendre un autre bain pour se nettoyer.

15. Cette eau est très-froide — est tiède.

16. Le courant est tellement fort, qu'il est impossible de le remonter.

17. Il y a si peu d'eau, qu'il est impossible de nager.

18. Garçon , voulez-vous m'ouvrir mon cabinet ?

VII. Aux bains de mer.

1. Je voudrais un costume.

2. Celui-ci est trop petit pour moi.

3. Il est trop grand — Avez-vous des bonnets de toile cirée ou autrement ?

4. Je voudrais aussi des espadrilles ou des chaussons, à cause des galets.

5. Y a-t-il des cabines libres ?

6. Vous n'avez pas de cabines plus près de la mer ?

7. Un baigneur est-il nécessaire ?

8. Si la mer n'est pas forte, je n'ai pas besoin de baigneur.

12. ¿ Cuánto se paga de mas ?

13. El agua está buena.

14. El agua está tan sucia, que despues habrá 'que tomar otro baño para limpiarse.

15. Esa agua está muy fria — tibia.

16. La corriente es tan fuerte que no se puede nadar contra ella.

17. Hay tan poca agua que no se puede nadar.

18. Mozo, abra V. mi camarote.

VII. Baños de mar.

1. Quisiera un traje.

2. Este es muy pequeño para mí.

3. Es muy grande —¿ Tiene V. un gorro de hule ó de otra cosa?

4. Tambien quisiera alpargatas ó zapatos para la arena.

5. ¿ Cuantos camarotes hay libres ?

6. ¿ No tiene V. camarotes mas cerca de la mar ?

7. ¿ Se necesita bañero ?

8. Si no hay mucha mar no necesito bañero.

9. Puis-je nager sans danger ?

9. ¿ Puedo nadar sin riesgo ?

10. Jusqu'à quel endroit puis-je aller ?

10. ¿ Hasta donde se puede llegar ?

11. Y a-t-il des courants ?

11. ¿ Hay corrientes ?

12. Je ne sais pas nager, jusqu'à quel endroit aurai-je pied ?

12. No nado, ¿ hasta dónde hay pié?

13. Je voudrais un baigneur pour madame.

13. Quisiera un bañero para esta señora.

14. Vous me plongerez la tête la première.

14. Primero me zambullirá V. la cabeza.

15. Jetez-moi d'abord un séau d'eau sur la tête.

15. Echeme V. ántes un cubo de agua por la cabeza.

16. La mer est très-forte, vous me tiendrez solidement.

16. Hay mucha mar, sosténgame V. bien.

17. J'aime beaucoup qu'une vague me passe par-dessus la tête.

17. Me gusta mucho cuando pasa la ola por la cabeza.

18. Je reste très-peu de temps dans l'eau.

18. Estoy muy poco tiempo en el agua.

19. Les bains de mer me fatiguent beaucoup.

19. Me cansan mucho los baños de mar.

20. Apportez-moi un bain de pieds chaud et deux serviettes.

20. Tráigame V. un baño de piés caliente y dos servilletas.

21. Ces cabines sont fort incommodes.

21. Los cuartos son muy incómodos.

22. Ces bains sont fort bien installés.

22. Los baños están muy bien instalados.

23. Il y a beaucoup de monde et comme toujours de jolies toilettes.

23. Hay mucha gente y como siempre lindos trajes.

24. On trouve sur cette plage une société très-agréable.

24. En esta playa se encuentra siempre una sociedad muy agradable.

25. Il est fort amusant de voir tant de monde se baigner.

25. Es muy divertido ver bañarse á todos.

26. Cette dame a un costume ravissant.

27. Je n'en dirai pas autant de celui de cette grosse dame.

28. Croyez-vous que ce soit une dame ?

29. Soyez indulgente pour les autres, tout le monde n'a pas votre taille.

30. Il faut être fort bien faite pour ne pas être ridicule dans cet affreux costume.

31. Cette plage est, je crois, la plus fréquentée de toute la côte.

32. L'heure du bain est le rendez-vous de toutes les élégantes.

VIII. Dans une ville d'eaux.

1. Indiquez-moi l'établissement des bains.

2. Peut-on prendre des bains à toute heure ?

3. Faut-il se faire inscrire à l'avance ?

4. Où rencontre-t-on le médecin-inspecteur ?

5. Les douches sont-elles bien installées ?

6. Y a-t-il pour les douches des cabinets particuliers ?

7. La piscine est-elle assez grande pour que l'on puisse y nager ?

26. Esta señora tiene un traje precioso.

27. No diré otro tanto del de aquella matrona.

28. ¿ Cree V. que sea una mujer ?

29. Sea V. indulgente con la otra, no todo el mundo tiene esa cintura.

30. Preciso es ser muy bien hecha para no parecer ridícula con ese traje tan feo.

31. Esta playa es, en mi juicio, la mas concurrida de toda la costa.

32. Á la hora del baño se citan siempre todas las elegantes.

VIII. En una ciudad de aguas.

1. Indíqueme V. el establecimiento de los baños.

2. ¿ Se puede uno bañar á todas horas ?

3. ¿ Hay que inscribirse ántes ?

4. ¿ En dónde se encuentra al médico inspector ?

5. ¿ Están bien instalados los chorros ?

6. ¿ Hay cuartos particulares para los chorros ?

7. ¿ La piscina es bastante grande para poder nadar ?

8. Les baignoires sont en marbre, ce doit être bien froid.

9. Montrez-moi, je vous prie, les salles d'inhalation.

10. Tout cela me paraît très-confortable et parfaitement installé pour la commodité des malades.

11. Il doit y avoir aussi des salons de repos avec des canapés et des divans.

12. Il y a beaucoup d'endroits où les eaux ne sont qu'un prétexte, mais ici il vient, je crois, beaucoup plus de malades véritables que de touristes.

13. Malgré l'efficacité des eaux, vous devez avoir ici beaucoup plus de touristes que de baigneurs.

14. L'administration fait du reste tout ce qui est nécessaire pour attirer les étrangers.

15. Vous avez certainement un casino?

16. Soyez assez bon pour me l'indiquer.

17. Faut-il être présenté?

18. Dans ce cas je vous prierais de bien vouloir me rendre ce service.

19. Les salons sont très-beaux.

20. Il y a certainement des concerts et des bals.

---

8. Las bañeras son de mármol, deben ser muy frias.

9. Sírvase V. enseñarme las salas de gases.

10. Todo esto me parece muy confortable y perfectamente instalado para la comodidad de los enfermos.

11. También debe haber comedores con canapés y divanes.

12. En muchos puntos las aguas no son mas que un pretexto; pero, en mi juicio, aquí vienen muchos mas enfermos verdaderos que turistas.

13. Á pesar de la eficacia de las aguas, debe V. tener aquí muchos mas turistas que bañistas.

14. La administracion manda cuanto es necesario para atraer á los extranjeros.

15. ¿ Tendrá V. sin duda un casino?

16. Tenga V. la bóndad de indicármelo.

17. Es preciso ser presentado?

18. En ese caso rogaré á V. me haga ese favor.

19. Los salones son muy hermosos.

20. Habrá indudablemente conciertos y bailes.?

21. Oserais-je vous prier de bien vouloir me présenter à votre ami M. X... ?

22. Je vous remercie mille fois de votre obligeance.

23. Vous avez de très-belles promenades aux environs.

24. Il doit y avoir ici la liste de tous les étrangers ; je voudrais la consulter, afin de voir si, par hasard, je n'y verrais pas les noms de quelques compatriotes de connaissance.

21. Me permitiré rogar á V. que me presente á su amigo, el Sr. X... ?

22. Mil gracias por su bondad.

23. Tiene V. lindísimos paseos en las cercanías.

24. Aquí habrá una lista de todos los extranjeros : quisiera consultarla para ver si por casualidad encuentro los nombres de algunos compatriotas conocidos.

CHAPITRE VII

CORPS D'ÉTAT

I. Chez un banquier.

1. Voici, monsieur, une lettre de M. X... votre correspondant, veuillez en prendre connaissance.

2. Ce M. X... m'a fait espérer que sur sa recommandation vous voudriez bien m'ouvrir un crédit.

3. Voici une traite de... tirée sur votre maison, pouvez-vous m'en remettre les fonds ?

4. Voici une lettre de change tirée sur vous par

I. Con un banquero.

1. Caballero, he aquí una carta del Sr. X. su corresponsal, sírvase V. examinarla.

2. Ese Sr. X. me hizo esperar que con su recomendacion me abriria V. un crédito.

3. He aquí una letra girada de... á cargo de la casa de V. ¿ puede V. entregarme los fondos ?

4. Vea V. una letra de cambio á cargo de V. órden

M...; elle est payable à dix jours de vue, — pouvez-vous me l'escompter de suite? — Veuillez me la viser.

5. Vous est-il possible de m'escompter cette valeur payable le...?

6. Je voudrais envoyer une somme de... à Naples; pouvez-vous me donner une traite à vue sur votre correspondant dans cette ville?

7. Combien cela me coûtera-t-il?

8. Je vous suis recommandé par M... et je viens vous prier de bien vouloir me donner des renseignements sur M..., négociant dans cette ville.

9. Vous pouvez compter sur ma discrétion.

10. Pouvez-vous m'indiquer un homme d'affaires, honnête et actif, qui puisse se charger de ce recouvrement?

11. J'ai plusieurs traites à faire encaisser, pouvez-vous vous en charger?

12. Quelles sont vos conditions de recouvrement?

13. Vous devez avoir un tarif indiquant les prix de recouvrement pour les différentes places.

14. Je vous enverrai mes valeurs, et après encaissement vous m'en couvrirez sur Paris.

del Sr... á diez dias vista — ¿ puede V. descontármela en seguida? — Sírvase V. visármela.

5. ¿ Puede V. descontarme este valor que vence el...?

6. Quisiera enviar á Nápoles la cantidad de...; ¿ me daria V. una letra á la vista sobre su corresponsal de V. en aquella ciudad?

7. ¿ Cuánto me costará eso?

8. Vengo recomendado por el Sr..... y ruego á V. me de informes sobre el Sr... negociante de esta villa.

9. Puede V. contar con mi discrecion.

10. ¿ Puede V. indicarme un agente de negocios, honrado y activo, que se encargue de este cobro?

11. Tengo varias letras que cobrar ¿ quiere V. encargarse de ello?

12. ¿ Cuáles son sus condiciones de cobro?

13. Debe haber una tarifa que fije el precio del cobro en las diversas plazas.

14. Enviaré á V. mis valores y cobrados me los cubrirá V. sobre Paris.

15. Faut-il passer cet effet à votre ordre ?

16. A quel taux est l'escompte en ce moment ?

17. Quelle commission prenez-vous ?

18. Traitez-moi en client, car nos relations peuvent devenir importantes.

19. Pouvez-vous, en échange de cette somme, me donner des chèques, payables à..., en thalers — en livres — en réaux — en francs ?

15. ¿ Habré de endosar este efecto á la órden de V. ?

16. ¿ Cómo es el descuento al presente ?

17. ¿ Qué comision carga V. ?

18. Tráteme V. como cliente porque nuestras relaciones pueden llegar á ser importantes.

19. ¿ Puede V. darme por esta cantidad *cheques*, pagaderos en... en thalers — libras — reales — francos ?

II. Bijoutier-joaillier.

II. Bisutero-joyero.

1. Voudriez-vous me montrer des boutons de manchettes ?

2. Je voudrais un autre genre.

3. En avez-vous en onyx noir, — en lapis ?

4. Pouvez-vous graver un chiffre sur cette pierre ?

5. De quel prix sont ces boucles d'oreilles ?

6. Ce genre ne me plaît pas.

7. Ce corail n'est pas beau.

8. Montrez-m'en d'autre.

9. Combien ce diamant pèse-t-il de grains de karats ?

10. Il n'est pas très-pur, — il est un peu teinté, — il a un petit givre.

1. ¿ Quiere V. enseñarme unos gemelos ?

2. Quisiera de otro género.

3. ¿ Los tiene V. de ónice negro — de lápis ?

4. ¿ Puede V. grabar una cifra — en esta piedra ?

5. ¿ Cuánto valen estos pendientes ?

6. No me gusta ese género.

7. Este coral no es bonito.

8. Enséñeme V. otro.

9. ¿ Cuantos quilates pesa ese diamante ?

10. No es muy puro — está algo teñido — tiene una manchita.

11. Le diamant a donc beaucoup augmenté ?

11. ¿ Tanto ha aumentado el diamante ?

12. La monture est trop lourde.

12. El engaste es muy macizo.

13. A quel titre employez-vous l'or ?

13. ¿ De qué ley emplea V. el oro ?

14. Ce diamant est mal monté, on court risque de le perdre.

14. Este diamante está mal engastado, hay riesgo de perderle.

15. Je voudrais voir des médaillons.

15. Quisiera ver unos medallones.

16. Ceci est trop ordinaire; je voudrais beaucoup plus beau.

16. Este es muy ordinario, los quisiera más ricos.

17. Ceci est beaucoup trop beau; il me faudrait plus ordinaire.

17. Este es demasiado rico, le quiero más comun.

18. Je voudrais d'un prix intermédiaire.

18. Quisiera de un precio intermedio.

19. N'avez-vous pas des médaillons pouvant au besoin servir de broches ?

19. ¿ No tiene V. medallones que puedan servir de alfiler ?

20. Je voudrais quelque chose ayant le caractère de ce que vous faites dans le pays.

20. Quisiera algo que tenga el carácter de lo que V. hace en el país.

21. C'est un souvenir du pays que je voudrais rapporter à une jeune fille.

21. Quisiera llevar á una jóven un recuerdo del país.

22. Montrez-moi quelques bagues.

22. Enséñeme V. algunas sortijas.

23. Celles-ci sont-elles montées en pierres fines ?

23. ¿ Son estas de piedras finas ?

24. Comment appelez-vous cette pierre ?

24. ¿ Cómo se llama esta piedra ?

25. Pouvez-vous me l'élargir, — me la rétrécir ?

25. ¿ Puede V. ensancharla, — estrecharla ?

26. Celle-ci me convient, mais elle est trop chère.

26. Esta me conviene; pero es muy cara.

27. Si vous pouvez me la laisser à..., je la prendrai.

28. Je voudrais une épingle de cravate.

29. Ceci est trop fantaisie.

30. Je voudrais une épingle de fantaisie.

31. Je ne veux pas de diamant, c'est trop cher.

32. Vous me garantissez qu'elle est en or, je ne vois pas le contrôle.

33. Ayez la bonté de me faire voir ces bracelets.

34. Celui-ci est fort joli, mais trop cher.

35. Je voudrais beaucoup plus simple.

36. L'émail de celui-ci est abîmé.

37. Montrez-moi des montres d'homme — à remontoir — à répétition — en or — en argent.

38. Je veux quelque chose de très-simple, c'est pour le voyage.

39. Je tiens à avoir un très-bon mouvement.

40. Combien de temps me le garantissez-vous ?

41. Est-ce un mouvement de Genève ?

42. Combien me prendrez-vous pour mettre le chiffre sur la cuvette ?

43. Il me faudrait une chaîne de montre.

27. La llevaré si me la deja V. en...

28. Quisiera un alfiler de corbata.

29. Esto es demasiado caprichoso.

30. Quisiera un alfiler de fantasía.

31. No quiero diamantes, son muy caros.

32. ¿ Me asegura V. que es de oro ? no veo la contramarca.

33. Sírvase V. enseñarme esos brazaletes.

34. Este es lindísimo; pero muy caro.

35. Le quisiera mucho más sencillo.

36. El esmalte de este está estropeado.

37. Enséñeme V. relojes de hombre — con llave propia — de repeticion — de oro — de plata.

38. Lo quiero más sencillo para viaje.

39. Deseo un excelente movimiento.

40. ¿ Por cuánto tiempo me le garantiza V. ?

41. ¿ Es movimiento de Ginebra ?

42. ¿ Cuánto pide V. por poner cifras en la tapa ?

43. Necesitaría una cadena de reloj.

44. Celle-ci est trop lourde.

45. Combien pèse-t-elle?

46. Vous en comptez la façon trop cher.

47. Je voudrais quelque chose de plus solide.

48. Je désirerais que la clef de montre soit après.

49. Ces coulants me déplaisent.

50. Pour combien me reprendrez-vous celle-ci?

51. Vous vendez très-cher, mais vous voulez acheter trop bon marché.

52. Avez-vous des dés en or — en argent — en vermeil?

53. Celui-ci est trop petit — trop grand.

54. Donnez-moi la grandeur au-dessus — au-dessous.

55. Montrez-moi des tabatières — des cachets.

56. — un petit nécessaire.

57. Vous me mettrez cela dans un écrin.

58. N'en avez-vous pas d'une autre couleur?

59. Vous mettrez, je vous prie, ces initiales sur le dessus.

60. Voici toujours un à-compte sur votre facture.

61. Je payerai le reste, lorsque vous me livrerez le tout.

44. Esta es muy pesada.

45. ¿Cuánto pesa?

46. Pide V. mucho por la hechura.

47. La quiero más sólida.

48. Desearia que tuviese la llave.

49. No me gustan estas correderas.

50. ¿Por cuánto me tomaria V. esta cadena?

51. Vende V. muy caro, y compra muy barato.

52. ¿Tiene V. dedales de oro — de plata — de plata sobredorada?

53. Este es muy pequeño, — muy grande.

54. Démele V. un poco mayor — un poco menor.

55. Enséñeme V. una caja de tomar polvo — sellos.

56. — un neceser pequeño.

57. Póngame V. esto en una cajita.

58. ¿No la tiene V. de otro color?

59. Grábeme V. estas iniciales en la tapa.

60. Tóme V. á cuenta de la factura.

61. Pagaré lo demas á la entrega.

III. A la blanchisseuse.

1. J'ai du linge à donner à blanchir.
2. Y a-t-il une blanchisseuse dans l'hôtel ?
3. Est-elle bien exacte ?
4. Quand doit-elle venir ?
5. Faites-la monter, je vous prie.
6. Veuillez la faire demander, car je suis pressé.
7. Vous êtes la blanchisseuse de l'hôtel ?
8. Voici du linge à laver; mais il me le faut dans quatre jours.
9. Pouvez-vous me le promettre ?
10. Ne vous en chargez pas, si vous pensez ne pas pouvoir me le donner.
11. Quand rapporterez-vous ce linge ?
12. Blanchissez-le avec soin.
13. Je vous recommande les chemises tout particulièrement.
14. Que les devants soient bien raides — ne soient pas trop empesés.
15. Faites attention à mes mouchoirs, ils sont de différentes marques.
16. Je puis sans faute compter sur vous ?

III. Con una lavandera.

1. Tengo ropa que dar á lavar.
2. ¿ Hay lavandera en la fonda ?
3. ¿ Es muy exacta ?
4. ¿ Cuándo vendrá ?
5. Mándela V. subir.
6. Sírvase V. llamarla, porque tengo prisa.
7. ¿ Es V. la lavandera de la fonda ?
8. Aquí esta mi ropa; pero la necesito, ántes de cuatro dias.
9. ¿ Puede V. prometérmelo ?
10. No se comprometa V. si no puede dármela.
11. ¿ Cuándo me traerá V. la ropa?
12. Lávela V. con esmero.
13. Recomiendo á V. muy particularmente las camisas.
14. Que esten las pecheras bien tiesas — que no esten muy almidonadas.
15. Cuide V. de los pañuelos, tienen diferentes marcas.
16. ¿Puedo contar con V. sin falta ?

17. N'oubliez pas que je pars à la fin de la semaine.

18. Voici la note de ce que j'ai à blanchir.

19. Voyez si le compte y est bien.

20. Chemises d'homme — de femme — chemises de nuit — paires de chaussettes — de bas — caleçons de toile — de coton — mouchoirs de toile — de batiste — gilet de flanelle — de piqué blanc — pantalons de coutil — jaquette de coutil — faux-cols — cravate — serviettes — manchettes — cols — foulards.

21. Vous me rapporterez la note.

22. Les chemises sont mal repassées.

23. Ce jupon n'est pas assez empesé.

24. Cette serviette n'est pas à moi.

25. Il me manque un mouchoir de poche.

26. Ce linge n'est pas blanc.

27. Avez-vous retrouvé la serviette égarée ?

28. Vous avez enlevé les boutons de mes chemises, il faut m'en recoudre d'autres.

29. Si vous ne soignez pas mieux le linge, je serai forcé de vous quitter.

---

17. No olvide V. que marcho á fines de semana.

18. Aquí está la nota de la ropa sucia.

19. Vea V. si está exacta la nota.

20. Camisas de hombre — de muger — camisas de noche — pares de calcetines — de medias — calzoncillo de hilo — de algodon — pañuelos de hilo — de batista — chaleco de franela — de piqué blanco — pantalones de cutí, — chaquetilla de cutí, — cuellos postizos — corbata — servilletas — puños — cuellos de seda.

21. Me traerá V. la cuenta.

22. Las camisas están mal planchadas.

23. Esta saya no está bastante almidonada.

24. Esta servilleta no es mia.

25. Me falta un pañuelo de bolsillo.

26. Esta ropa no está blanca.

27. ¿ Encontró V. la servilleta perdida ?

28. Me ha quitado V. los botones de las camisas, hay que coserme otros.

29. Si V. no cuida mejor la ropa, tendré que dejarla.

30. Pouvez-vous raccommoder mes chaussettes ? — Faites-le avec soin.

31. Remettez-moi une boucle à ce gilet.

32. Vous me mettrez un bouton à ce caleçon.

33. Faites une reprise à ce gilet de flanelle.

34. Donnez-moi votre note.

35. Je veux vous payer de suite.

36. Une autre fois soyez plus exacte.

30. ¿ Puede V. remendarme los calcetines ? Hágalo V. bien.

31. Ponga V. la hebilla á este chaleco.

32. Me coserá V. un boton en este calzoncillo.

33. Haga V. un zurcido en esta almilla.

34. Deme V. la cuenta.

35. Quiero pagar á V. en seguida.

36. Sea V. más exacta otra vez.

IV. Un bottier.

1. Je voudrais une paire de bottes.

2. En avez-vous de toutes faites?

3. Apportez-m'en plusieurs paires, je choisirai.

4. Je vais les essayer moi-même; il me faudrait des crochets pour les mettre.

5. Elles sont trop larges, — trop étroites.

6. Elles me gênent du coup-de-pied.

7. Elles me sont trop justes.

8. Je veux, surtout en voyage, avoir le pied à l'aise.

9. Combien vous faut-il de temps pour m'en faire?

10. Je ne puis attendre.

11. Je pars dans... jours.

IV. Un zapatero.

1. Quisiera un par de botas.

2. ¿ Las tiene V. hechas?

3. Tráigame V. algunos pares para escoger.

4. Lo mismo me las probaré; necesito ganchos para meterlas.

5. Son muy anchas, — muy estrechas.

6. Me incomodan en el empeine.

7. Me están muy prietas.

8. Quiero tener el pié desahogado, sobre todo en viaje.

9. ¿ En cuánto tiempo me las hará V. ?

10. No puedo esperar.

11. Me marcho dentro de... dias.

12. Donnez-moi le tire-botte pour me débotter.

13. J'aime à être chaussé largement.

14. J'attendrai que vous m'en fassiez.

15. Prenez-moi mesure.

16. Je marche en dehors (en dedans), vous ferez les talons en conséquence.

17. Vous me mettrez des doubles semelles.

18. Montrez-moi des bottines en chevreau — en cuir verni — en étoffe — en veau.

19. Je n'aime pas les boutons, je préfère les élastiques.

20. Voyons une autre paire.

21. Ces chaussures me blessent, pouvez-vous les mettre en forme pour les élargir ?

22. Il y a dans cette bottine un clou qui me blesse, pouvez-vous l'enfoncer ?

23. Pouvez-vous recoudre cette botte ?

24. Je voudrais que vous puissiez me remettre des élastiques à ces bottines.

25. Avez-vous des semelles de liége ?

26. Je voudrais faire remettre des talons (des semelles) à ces chaussures.

27. Je ne suis ici qu'en passant, il me les faut pour demain.

12. Déme V. el sacabotas para descalzarme.

13. Me gusta el calzado ancho.

14. Esperaré á que V. me las haga.

15. Tómeme V. medida.

16. Pizo hácia fuera, hácia dentro, haga V. los talones en consecuencia.

17. Écheme V. dobles suelas.

18. Enséñeme V. botitos de cabra — de charol — de tela — de becerro.

19. No me gustan los botones, prefiero las gomas.

20. Veamos otro par.

21. Este calzado me hace daño ¿ puede V. ponerle en la horma para ensancharle ?

22. Este botito tiene un clavo que me hiere ¿ puede V. remacharle ?

23. ¿ Puede V. coserme esta bota ?

24. Quisiera que me volviera V. á poner gomas á estos botitos.

25. ¿ Tiene V. suelas de corcho ?

26. Quisiera volver á echar tacones (suelas) á este calzado.

27. Estoy aquí de paso, lo necesito para mañana.

28. Il y a dans cette botte une couture qui me fait mal, pouvez-vous l'aplatir?

29. Montrez-moi, je vous prie, des pantoufles.

30. Vous n'en avez pas d'autres? ceci est très-laid.

31. Il me faudrait aussi des guêtres en coutil — en cuir — en drap.

V. Chez un changeur.

1. Je voudrais changer ces billets contre de l'or allemand.

2. Donnez-moi de la monnaie la plus courante dans ce pays.

3. Pour combien prenez-vous le napoléon de vingt francs?

4. A combien prenez-vous la livre anglaise?

5. Combien l'or vaut-il en ce moment?

6. Si vous préférez me donner de la monnaie anglaise, cela m'est indifférent.

7. Quelle est, je vous prie, la monnaie la plus courante en Russie?

8. Je préfère m'en munir avant de partir.

9. Je ne comprends pas grand'chose à votre compte, permettez que je consulte mon Guide donnant la concordance des différentes monnaies.

28. En esta bota hay una costura que me hace daño ¿ puede V. aplastarla?

29. Enséñeme V. zapatillas.

30. ¿ Tiene V. otras? estas son feas.

31. Necesito tambien polainas de cutí — de cuero — de paño.

V. Con un cambista.

1. Quisiera cambiar estos billetes por oro aleman.

2. Deme V. la moneda más corriente del país.

3. ¿ Por cuánto toma V. un Napoleon de veinte francos?

4. ¿ A cómo toma V. la libra inglesa?

5. ¿ Cuánto vale el oro en este momento?

6. Si V. prefiere darme moneda inglesa, me es igual.

7. ¿ Cual es la moneda más corriente en Rusia?

8. Prefiero llevarla conmigo ántes de marchar.

9. No comprendo mucho la cuenta, permítame V. que consulte mi Guia que trae la correspondencia de todas las monedas.

Angleterre.

Or.

Souverain (livre sterling) ou 20 schellings, 25 fr. (le cours en varie de 25 fr. à 25 fr. 50 c.).

Le demi-souverain (demi-livre ou 10 sc.) 12 fr. 50 c.

Argent.

Couronne (5 sch.)...	6 25
Demi-couronne (2 sch. 6 penc.)..........	3 10
Schelling (12 p.)....	1 20
Demi-sch. (6 pence)..	» 60
4 pence.............	» 40
3 pence.............	» 30
2 pence.............	» 20

Cuivre.

Penny.............	» 10
Demi-penny........	» 5

La guinée valant 21 sch. ou 26 fr. 25 c. n'a presque plus cours (il faut les éviter).

Allemagne.

PRUSSE, ALLEMAGNE DU NORD ET DU SUD.

Or.

Couronne..........	34 40
Demi-couronne.....	17 20
Pièces de 20 marcs.	25 10
» » 10 »	12 55

Inglaterra.

Monedas de oro.

Soberano (libra esterlina) á 20 chelines, 25 fr. (su curso varia de 25 fr. á 25 fr. 50 c.).

El medio soberano (media-libra á 10 chel.) 12 fr. 50 c.

Plata.

Corona (5 chel.).....	6 25
Media corona (2 chel. 6 peniques).......	3 10
Chelin (12 peniques).	1 20
Medio chelin (6 pen.)	» 60
4 peniques..........	» 40
3 peniques..........	» 30
2 peniques..........	» 20

Cobre.

Penique...........	» 10
Medio penique......	» 5

La guinea de 21 chel. ó 26 fr. 25 c. no tiene ya curso (debe evitarse).

Alemania.

PRUSIA, ALEMANIA DEL NORTE Y DEL SUR.

Oro.

Corona............	34 40
Media corona.......	17 20
Piezas de 20 marcos.	25 10
» » 10 »	12 55

Argent.			Plata.		
Thaler (ou 30 silber-groschen)........	3	75	Thaler (ó 30 silber-groschen)........	3	75
5 silbergroschen.....	»	60	5 silbergroschen.....	»	60
Silbergroschen ou 12 pfennings......	»	12	Silbergroschen ó 12 pfennings........	»	12
Florin d'Autriche....	2	45	Florin de Austria....	2	45
1 marc Imp^{al} (1/2 thal).	1	25	1 marco imp^{al} (1/2 th.)	1	25

Espagne.

Or.

España.

Oro.

Doublon d'Isabelle, 100 réaux........	25	95	Doblon de Isabel, 100 reales........	25	95
Écu d'or..........	21	60	Escudo de oro......	21	60
Piastre d'or........	10	80	Piastra de oro......	10	80

Argent.

Plata.

Piastre (20 réaux)...	5	25	Duro (20 reales).....	5	25
Écu (10 réaux)......	2	60	Escudo (10 reales)...	2	60
Peseta (4 réaux).....	1	05	Peseta (4 reales).....	1	05
Media peseta (2 réaux)............	»	50	Media peseta (2 reales).	»	52
Réal	»	25	Real..............	»	25

Portugal.

Or.

Portugal.

Oro.

Couronne de 10000 reis............	55	90	Corona de 10000 reis.	55	90
5000 reis.........	27	95	5000 reis........	27	95
2000 reis.........	11	15	2000 reis........	11	15
1000 reis.........	5	60	1000 reis.........	5	60

Argent.

Plata.

500 reis............	2	60	500 reis............	2	60
200 reis............	1	10	200 reis...........	1	10
100 reis............	»	55	100 reis............	»	55
50 reis............	»	27	50 reis............	»	27

VI. Chapelier.

1. Connaissez-vous un bon chapelier ?

2. Veuillez m'écrire son nom et son adresse.

3. Je voudrais un chapeau de soie — de feutre — haute forme — rond — feutre souple — à larges bords — mécanique.

4. Je voudrais un chapeau pareil à celui-ci.

5. Ce chapeau est trop haut — trop bas — m'est trop grand — trop petit.

6. Avec un peu d'ovale il m'ira.

7. Je né puis attendre que vous m'en fassiez un.

8. Il faut que je le trouve tout fait.

9. Combien vous faut-il de temps pour me le faire ?

10. Quand puis-je y compter ?

11. Ne me manquez pas de parole, le chapeau vous resterait pour compte.

12. Je voudrais une coiffe d'une autre couleur.

13. Quel en est le prix ?

14. C'est beaucoup trop cher.

15. Voyez si vous pouvez me le donner pour...

VI. Sombrerero.

1. ¿ Conoce V. un buen sombrerero ?

2. Escríbame V. su nombre y su direccion.

3. Quiero un sombrero de seda — de fieltro — de copa alta — hongo — de castor flexible — de ala ancha — mecánico.

4. Quisiera un sombrero como este.

5. Este sombrero es muy alto — muy bajo — me está demasiado grande — demasiado pequeño.

6. Con un poco más de óvalo me sentará bien.

7. No puedo esperar á que me haga V. uno.

8. Necesito encontrarle hecho.

9. ¿ Cuánto tiempo necesita V. para hacérmele ?

10. ¿ Cuándo le tendré ?

11. No falte V. á su palabra, sino le dejaré el sombrero.

12. Quisiera un forro de otro color.

13. ¿ Qué precio tiene ?

14. Es muy caro.

15. Vea V. si puede dármele para.....

16. Je n'y mettrai rien de plus.

17. Je voudrais une casquette de voyage légère — chaude — souple — en soie noire — en toile blanche.

18. Avez-vous des bonnets fourrés ?

19. Il me faudrait un chapeau de paille.

20. Celui-ci est trop beau, je voudrais plus ordinaire.

21. Avez-vous quelque chose de mieux ?

22. Veuillez mettre un crêpe à mon chapeau ?

23. Mon chapeau a été mouillé, pouvez-vous lui donner de suite un coup de fer ?

24. Combien de temps cela durera-t-il ?

25. Je vais l'attendre, je le reprendrai dans une heure.

26. Pendant que vous le tenez, remettez une coiffe neuve.

27. Combien vous dois-je ?

16. No daré nada más.

17. Quisiera una gorra de viaje ligera — de abrigo — flexible — de seda negra — de lienzo blanco.

18. ¿ Tiene V. gorros forrados ?

19. Quisiera un sombrero de paja.

20. Este es muy fino, le quiero más ordinario.

21. ¿ Le tiene V. de mejor género ?

22. Sírvase V. ponerme un crespon al sombrero.

23. Se me ha mojado el sombrero ¿ puede V. plancharle en seguida ?

24. ¿ Cuánto tardará V.?

25. Le esperaré, volveré á tomarle dentro de una hora.

26. Ya que le tiene V. en la mano póngale forro nuevo.

27. ¿ Cuánto debo?

VII. Avec un coiffeur.

VII. Con un peluquero.

1. Je voudrais me faire couper les cheveux.

1. Quisiera cortarme el pelo.

2. Vous me les rafraîchi-rez seulement.

2. Me lo recortará V. sola-mente.

3. Vous les couperez très-courts.

3. Lo cortará V. al rape.

4. Coupez mes cheveux de façon à découvrir les oreil-les.

4. Córteme V. el pelo de modo que se vea la oreja.

5. Nettoyez-moi la tête et faites-moi une friction.

5. Límpieme V. la cabeza y deme una friccion.

6. Rafraîchissez seulement les favoris.

6. Recorte V. solo las pa-tillas.

7. Donnez-moi un coup de fer.

7. Ríceme V. el pelo.

8. Ramenez les cheveux devant.

8 Écheme V. el pelo hácia adelante.

9. Voudriez-vous me faire la barbe ?

9. ¿ Quiere V. afeitarme ?

10. Ayez soin que votre rasoir soit bien doux.

10. Tenga V. cuidado de que la navaja sea muy suave.

11. Je suis très-sensi-ble.

11. Soy muy sensible.

12. Veuillez me donner ce qui est nécessaire pour que je puisse faire ma barbe moi-même.

12. Deme V. lo necesario para afeitarme solo.

13. Je préfère me raser moi-même, avez-vous de la poudre de riz ?

13. Prefiero afeitarme solo ¿ tiene V. polvos de arroz ?

14. Mettez-moi de l'eau dans une cuvette.

14. Eche V. agua en la palangana.

15. Mettez dans l'eau un peu de vinaigre de toilette pour ôter le feu du ra-soir.

15. Eche V. en el agua un poco de vinagre de tocados para quitarme el ardor de la navaja.

16. Donnez-moi un mor-ceau de savon, un pot de pommade et un flacon de vinaigre.

16. Deme V. una pastilla de jabon, un tarro de po-mada y un frasco de vinagre.

VIII. Un coutelier.

VIII. Un cuchillero.

1. Je voudrais un bon couteau.

2. En avez-vous qui contiennent plusieurs accessoires : tire-bouchon — lime à ongles — serpettes? .

3. Avez-vous des canifs — coupe-cors — poinçon — scie — couteaux-poignards?

4. Celui-ci est trop grand — trop beau — trop ordinaire — trop cher.

5. Combien coûtent ces ciseaux — ce nécessaire de dame — cette boîte de couteaux à dessert?

6. Je voudrais de bons couteaux de table.

7. Je désirerais des rasoirs.

8. Montrez-moi ce que vous avez de mieux.

9. Quel est le prix?

10. Je les trouve trop chers.

11. Montrez - m'en d'un prix inférieur.

12. Que coûte ce sécateur?

13. Voulez-vous bien me remettre une lame à ce couteau?

14. Combien cela coûtera-t-il?

1. ¿ Tiene V. una buena navaja ?

2. ¿ Las tiene V. con accesorios : sacacorchos — lima de uñas — podadera ?

3. ¿ Tiene V. cortaplumas — cuchillito de callos — punzon — sierra — hoja de puñal ?

4. Este es muy grande — muy bueno — muy comun — muy caro.

5. ¿ Cuánto valen estas tijeras — este neceser de señora — esta caja de cuchillos de postre ?

6. Quisiera buenos cuchillos de mesa.

7. Desearia navajas de afeitar.

8. Enséñeme V. lo mejor que V. tenga.

9. ¿ Cual es su precio ?

10. Las encuentro demasiado caras.

11. Enséñeme V. otras más baratas.

12. ¿ Cuánto vale esta podadera ?

13. ¿ Quiere V. poner una hoja á esta navaja ?

14. ¿ Cuánto costará eso ?

15. Je voudrais faire repasser ces rasoirs.

16. Dans combien de temps pourrai - je les avoir?

15. Quisiera afilar estas navajas de afeitar.

16. ¿ Cuándo las podré tener?

IX. Couturière.

IX. Costurera.

1. Madame, j'ai besoin de différents objets, et je suis très-pressée, pouvez-vous vous en charger ?

1. Señora necesito varias cosas y tengo mucha prisa ¿ puede V. encargarse de ellas ?

2. Montrez-moi les étoffes que vous avez.

2. Enséñeme V. las telas que tiene.

3. Je désirerais d'abord un costume de voyage ; je veux pour cela une étoffe très-solide, qui ne craigne ni l'eau ni la poussière.

3. Deseo en primer lugar un traje de viaje, de tela muy sólida, que no tema el agua ni el polvo.

4. Cette disposition me convient assez, mais je voudrais une autre nuance.

4. Esta me gusta ; pero quisiera otro color.

5. Vous m'assurez que l'eau ne tachera pas ?

5. ¿ V. me asegura que no se manchará con el agua?

6. Ceci est trop léger, je voudrais plus fort.

6. Esto es muy ligero, le quiero más fuerte.

7. Je préfère encore un costume en flanelle.

7. Prefiero un vestido de franela.

8. Montrez-moi ce que vous avez de plus chaud.

8. ¿ Á ver lo que V. tiene de más abrigo?

6. Un écossais me plairait assez.

9. Me agradaria bastante un escocés.

10. Vous me ferez la jupe avec deux petits volants, puis une seconde jupe avec des nœuds sur le côté.

10. Las faldas con dos volantitos 'y otra con lazos al costado.

11. Quelle garniture proposez-vous pour le corsage?

11. ¿ Qué adorno me aconseja V. para el cuerpo ?

12. Je veux quelque chose de plus simple.

13. Montrez-moi ce que vous avez en mousseline — en alpaga — en soie — en barège — en gaze.

14. Je voudrais voir une confection très-simple — un manteau de voyage.

15. Il me faut quelque chose de très-chaud, c'est pour sortir le soir et mettre en wagon.

16. N'avez-vous pas un capuchon ?

17. Je désire une rotonde garnie de fourrure.

18. Pouvez-vous me doubler cela en flanelle ?

19. Ceci est trop lourd, c'est une maison que l'on a sur les épaules.

20. Vous devez avoir d'autres modèles que celui-ci ?

21. Montrez-moi toujours, il n'y a qu'en les voyant que je pourrai en avoir une idée.

22. Je préfère un manteau imperméable.

23. N'en avez-vous pas avec manches ?

24. C'est beaucoup plus commode.

25. Avez-vous un cadenas ?

26. Celui-ci me conviendrait, mais il est trop long.

27. Il est aisé de le raccourcir.

12. Quiero una cosa muy sencilla.

13. Enséñeme V. lo que tenga de muselina — de alpaca — de seda — de varés — de gasa.

14. Quisiera ver una confeccion muy sencilla — una capa de viaje.

15. Necesito una cosa de mucho abrigo para salir de noche. y ponérmela en wagon.

16. ¿ No tiene V. una capucha ?

17. Deseo una rotonda con pieles.

18. ¿ Puede V. forrarme esto con franela ?

19. Es muy pesado, como si se tuviese una casa sobre los hombros.

20. Debe V. tener otros modelos.

21. Veamos, viéndolo se puede escoger.

22. Prefiero una capa impermeable.

23. ¿ La tiene V. con mangas ?

24. Es mucho mas cómodo.

25. Tiene V. un candado ?

26. Este me convendria; pero es muy largo.

27. Se puede acortar.

28. Pouvez-vous l'arranger pour ce soir ?

29. Il m'est impossible d'attendre plus longtemps, je dois partir.

28. ¿ Me lo arreglará V. para esta tarde ?

29. Me es imposible esperar mas tiempo : tengo que marchar.

X. Chez un emballeur.

X. Con un embalador.

1. Pourriez-vous me faire venir un emballeur ?

2. Je voudrais faire emballer ces différents objets avec grand soin.

3. Ces objets ne peuvent tenir dans ma malle, je voudrais que vous me fassiez une boîte pour les mettre.

4. Voici des objets plus fragiles que je désire expédier directement, emballez-les-moi avec soin.

5. Ces objets sont très-fragiles, et j'y tiens beaucoup.

6. Je tiens à ce que tout cela arrive intact.

7. Faites autant de caisses qu'il en faudra.

8. Pouvez-vous vous charger des formalités de l'expédition ?

9. Vous mettrez ces colis à la petite vitesse.

10. Faut-il une déclaration pour la douane ?

11. Voici l'adresse à laquelle il faut les expédier.

1. ¿ Puede V. mandar por un embalador ?

2. Quisiera que embalasen con cuidado estos objetos.

3. Estos objetos no caben en mi baul. Quisiera que hiciese V. una caja para meterlos.

4. Estos objetos muy frágiles, quiero expedirlos directamente, empaquételos V. con cuidado.

5. Estos objetos son muy frágiles y me interesan mucho.

6. Me interesa que todo eso llegue intacto.

7. Haga V. cuantos cajones sean necesarios.

8. ¿ Puede V. encargarse de las formalidades de expedicion ?

9. Envie V. estos bultos por pequeña velocidad.

10. ¿ Se necesita declaracion de aduana ?

11. Hé aquí la direccion á donde han de enviarse.

12. Ma malle a été abîmée, pouvez-vous me la réparer promptement ?

13. La serrure de cette malle a été enlevée, pouvez-vous m'en mettre une autre ?

14. Je vous prie de me consolider un peu cette malle — cette valise — ce sac de nuit.

15. J'ai besoin d'une malle de voyage.

16. Cette malle est trop grande — trop petite.

17. Celle-ci est incommode, je voudrais quelque chose de mieux.

18. Je ne tiens pas à avoir quelque chose d'aussi bien que cela.

19. Je voudrais une malle assez grande pour y mettre plusieurs robes — un carton à chapeau — une valise.

20. Je voudrais un sac de nuit.

21. Avez-vous une courroie pour mettre des couvertures ?

22. Je la voudrais très-longue.

23. Je voudrais une courroie plus solide.

12. Mi baul está estropeado ¿puede V. componerle pronto ?

13. Han quitado la cerradura de este baul, ¿ puede V. ponerme otra?

14. Sírvase V. reforzarme un poco este baul — esta maleta — este saco de noche.

15. Necesito un baul de viaje.

16. Este baul es muy grande — muy pequeño.

17. Este es muy incómodo, quisiera cosa mejor.

18. No me interesa tener una cosa tan buena.

19. Quisiera un baul bastante grande para meter varios vestidos — una sombrerera — una maleta.

20. Quisiera un saco de noche.

21. ¿ Tiene V. una correa para mantas ?

22. La quisiera muy larga.

23. Quisiera una correa más solida.

XI. Un horloger.

1. Veuillez examiner ma montre.

XI. Un relojero.

1. ¿ Quiere V. examinar mi reloj ?

2. Elle ne va plus depuis quelques jours.

2. Hace dias que no anda.

3. Je l'ai laissée tomber, le ressort doit être cassé.

3. Le dejé caer, debe estar roto el muelle.

4. Elle s'arrête par intervalles.

4. Se para de cuando en cuando.

5. Elle doit avoir besoin d'être nettoyée.

5. Debe ser necesario limpiarle.

6. Combien faut-il de temps pour la réparer ?

6. ¿ Cuánto tiempo necesita V. para componerle ?

7. C'est bien long , car j'en ai besoin à chaque instant.

7. Es muy largo, porque á cada instante le necesito.

8. Pouvez-vous , pendant ce temps, m'en prêter une ?

8. ¿ Entre tanto puede V. prestarme otro ?

9. J'ai cassé le verre de ma montre, ayez la bonté de m'en mettre un autre.

9. He roto el cristal del reloj, sírvase V. ponerme otro.

10. Les aiguilles sont cassées, mettez-m'en d'autres.

10. Estan rotas las agujas, póngame V. otras.

11. Combien vous faudra-t-il de temps pour la réparer ?

11. ¿ Cuánto tiempo necesita V. para componerle ?

12. Veillez à ce qu'elle soit bien réglée.

12. Cuide V. que ande bien.

13. Je voudrais une bonne montre en or — en argent — d'homme — de femme — à remontoir — à répétition.

13. Quisiera un buen reloj de oro — de plata — de hombre — de muger — de llave — de repeticion.

14. Vous m'avez été indiqué comme une maison de confiance, je m'en rapporte à vous.

14. Me han dirigido á V. como de confianza: en V. confio.

15. Je ne veux pas une montre trop plate, généralement elles ne vont pas bien.

15. No quiero un reloj demasiado chato, generalmente andan mal.

16. Donnez-moi un mouvement de Genève.

16. Déme V. un movimiento de Ginebra.

17. Combien de temps me la garantissez-vous ?

17. ¿ Por cuánto tiempo me le garantiza V. ?

18. Vous me la mettrez sur la facture.

18. Póngale V. en la factura.

19. Quel prix allez-vous me la vendre ?

19. ¿ En cuánto me le va V. á vender ?

20. C'est horriblement cher.

20. Es horriblemente caro.

21. Je ne veux pas mettre ce prix-là.

21. No quiero gastar tanto.

22. Elle doit avoir besoin d'être repassée.

22. Debe necesitar repasarse.

23. Combien vous faut-il de temps pour la régler ?

23. ¿ Cuánto tiempo necesita V. para repasarla ?

24. Puis-je faire graver mon chiffre sur la cuvette ?

24. ¿ Se puede poner mi cifra en la tapa ?

25. La montre est assez chère pour que vous ne me fassiez pas payer cela.

25. El reloj es bastante caro para no cobrarme eso.

26. Montrez-moi des clefs.

26. Enséñeme V. algunas llaves.

27. En avez-vous qui servent de barrettes pour se mettre dans la boutonnière du gilet et tenir la chaîne ?

27. ¿ Las tiene V. que sirvan de barreta para sostener la cadena en el ojal del chaleco ?

28. Celle-ci ne va pas avec ma chaîne.

28. Esta no va bien con mi cadena.

29. Il me faut quelque chose de plus riche — de plus simple.

29. Quisiera una cosa más rica — más sencilla.

XII. Chez un libraire-papetier.

XII. En una librería y papelería.

1. Je voudrais avoir une grammaire allemande, anglaise, espagnole, italienne.

1. Quisiera una gramática alemana — inglesa — española — italiana.

2. Donnez-moi la plus abrégée que vous ayez.

2. Déme V. la más compendiada que tenga.

3. Je voudrais un livre de lecture courante pour me familiariser avec votre langue que je ne connais que bien imparfaitement.

3. Quisiera un libro de lectura para familiarizarme con esa lengua que conozco imperfectamente.

4. Avez-vous le plan de la ville ?

4. ¿ Tiene V. el plano de la ciudad ?

5. Celui-ci est trop grand, n'avez-vous rien de plus petit ?

5. Este es muy grande, ¿ no hay otro mas pequeño ?

6. Je voudrais quelque chose de mieux fait.

6. Quisiera algo mejor que eso.

7. Avez-vous un catalogue du musée ?

7. ¿ Tiene V. un catálogo del museo ?

8. Je désirerais un guide spécial pour visiter cette ville.

8. Quisiera una guia especial para visitar la ciudad.

9. Puisqu'il n'y en a pas, donnez-moi un Guide Joanne.

9. Ya que no la hay deme V. una guia Joanne.

10. Ce sont les meilleurs que je connaisse.

10. Son las mejores que conozco.

11. Vous avez grand tort de n'en pas avoir, vous en vendriez beaucoup.

11. Hace V. mal en no tenerlas, venderia V. muchas.

12. Je connais celui que vous m'offrez : il est gros; mais il a beau coûter bon marché, il est encore trop cher, car il ne vaut rien.

12. Conozco la que V. me ofrece: es voluminosa ; pero por vasta que sea, todavia es cara, porque no vale nada.

13. Si vous tenez la librairie française — allemande, etc., vous devez avoir l'ouvrage de X.... sur....

13. Si V. tiene la librería francesa — alemana, etc. tendrá la obra de... sobre ..

14. Pourriez-vous me le procurer ?

14. ¿ Puede V. proporcionármela ?

15. Combien de temps vous faut-il pour cela ?

15. ¿ Cuánto tiempo necesita V. para ello ?

16. Je ne puis pas attendre.

16. No puedo esperar.

17. Je prendrai ceci en place.

17. Tomaré estos en su lugar.

18. Avez-vous des photographies des tableaux du musée — de la cathédrale — des différents monuments de la ville ?

18. ¿ Tiene V. fotografías de los cuadros del museo — de la catedral — de los monumentos de la ciudad?

19. J'en voudrais de plus grandes — de plus petites.

19. Las quisiera más grandes — más pequeñas.

20. Combien vendez-vous la douzaine ?

20. ¿ Á cuánto vende V. la docena ?

21. C'est beaucoup trop cher.

21. Es muy caro.

22. Vos confrères les affichent meilleur marché.

22. Los colegas de V. las anuncian más barato.

23. Je voudrais un album des costumes du pays.

23. Quisiera un album de los trajes del país.

24. Je voudrais un livre à images pour donner à mes enfants.

24. Querria un libro de estampas para regalárselo á un niño.

25. Il faut que cela fasse plus d'effet.

25. Es preciso que sea de más efecto.

26. Je voudrais quelque chose de mieux.

26. Quisiera algo mejor que eso.

27. Auriez-vous.... traduits en français — en anglais ?

27. ¿ Tendria V.... traducido en frances — inglés ?

28. Je le voudrais relié.

28. Le quiero encuadernado.

29. Je m'en contenterai broché.

29. Me conformaré con el que está en rústica.

30. Ne louez-vous pas des livres au mois ?

30. ¿ No alquila V. libros por mes ?

31. Combien l'abonnement ?

31. ¿ Cuánto es el abono ?

32. Peut-on prendre toute espèce d'ouvrages ?

32. ¿ Pueden tomarse toda clase de libros ?

33. Sans abonnement, combien louez-vous chaque volume ?

33. ¿ Á cuánto alquila V. el volúmen sin abono?

34. Combien de jours alors peut-on le garder ?

34. ¿ Cuántos dias se puede conservar?

35. Recevez-vous les journaux de.... ?

35. ¿ Recibe V. los periódicos de.... ?

36. Pouvez-vous me vendre ce numéro ?

36. ¿ Puede V. venderme este número ?

37. Ne pourriez-vous m'indiquer un cabinet de lecture, ou un cercle où je pourrais lire les journaux ?

37. ¿ Podria V. indicarme un gabinete de lectura ó un circulo en donde leer los diarios ?

38. Vendez-vous du papier à lettre ?

38. ¿ Vende V. papel de cartas?

39. Je le voudrais plus beau.

39. Le quiero más fino.

40. — d'un plus grand format.

40. — de mayor tamaño.

41. Avez-vous du papier à lettre avec de petites vues dans l'angle ?

41. ¿ Tiene V. papel de carta con viñetas en el ángulo ?

42. J'en voudrais plusieurs cahiers.

42. Quisiera varios cuadernillos.

43. Il me faut aussi du papier ordinaire et une boite d'enveloppes gommées.

43. Necesito papel ordinario y una caja de sobres engomados.

44. Celles-ci sont trop petites pour le papier que vous m'avez donné.

44. Estos son muy pequeños para el papel que me ha dado.

45. Je voudrais une bouteille d'encre.

45. Quisiera una botellita de tinta.

46. N'avez-vous pas de petits encriers de poche ?

46. ¿ No tiene V. tinteritos de bolsillo?

47. Vous me garantissez qu'il ne se répandra pas dans ma malle ?

47. ¿ Me garantiza V. que no se derramará en el baul ?

48. Donnez-moi aussi de la cire — un crayon — une règle — un canif — des plumes de fer.

48. Déme V. tambien lacre — un lápiz — una regla — un cortaplumas — plumas de metal.

XIII. Linger.

1. Voulez-vous me montrer de la toile ?

2. La meilleure que vous ayez, je tiens moins à la finesse qu'à la solidité ; c'est pour faire des chemises.

3. Celle-ci est pourtant trop grosse.

4. Combien en faut-il pour six chemises ?

5. Prenez-moi mesure, je vous prie.

6. Vous me ferez des devants unis.

7. Vous les ferez ouvrir par derrière — par devant.

8. Ne mettez ni cols ni manchettes.

9. Je vous en enverrai une pour modèle.

10. Dans combien de temps me les donnerez-vous ?

11. Soyez exacte, ou elles vous resteraient pour compte.

12. Montrez-moi des gilets de flanelle.

13. Cette flanelle ne vaut rien, montrez-m'en de meilleure.

14. Je voudrais aussi des caleçons en toile — en calicot — en flanelle — en coton.

XIII. Con un mercader de lencería.

1. ¿ Quiere V. enseñarme telas de hilo ?

2. La mejor que V. tenga, prefiero lo sólido á lo fino; es para camisas.

3. Esta sin embargo es demasiado gruesa.

4. ¿ Cuánto se necesita para seis camisas ?

5. Sírvase V. tomarme medida.

6. Me hará V. las pecheras lisas.

7. Las hará V. abiertas por la espalda — por delante.

8. No ponga V. cuello ni puños.

9. Enviaré á V. una de modelo.

10. ¿ Cuándo me las dará V. ?

11. Sea V. exacto, ó se las dejo por su cuenta.

12. Enséñeme V. almillas.

13. Esta franela no vale nada, enséñeme V. otra mejor.

14. Quisiera tambien calzoncillos de hilo — de percal — de franela — de algodon.

15. Pendant que j'y suis, il me faudrait aussi une douzaine de faux cols et des manchettes.

15. Ya que de esto hablamos necesito tambien una docena de cuellos y puños postizos.

16. Il me faudrait encore des mouchoirs de poche en toile — en batiste — avec chiffre.

16. Necesito pañuelos de bolsillo de hilo — de batista — con cifras.

17. Auriez-vous la complaisance de me les faire ourler ?

17. ¿ Tiene V. la bondad de dobladillarlos ?

18. Montrez-moi des chaussettes de coton — de fil — de laine.

18. Enséñeme V. calcetines de algodon — de hilo — de lana.

19. Je voudrais de meilleure qualité.

19. Los quiero de mejor calidad.

20. Celles-ci sont trop grosses — je voudrais plus fin.

20. Estos son muy gruesos — démelos V. más finos.

21. Combien vendez-vous la douzaine ?

21. ¿ Á cómo es la docena ?

22. Pouvez-vous me les marquer ?

22. ¿ Puede V. marcármelos ?

23. Il me faudrait un gilet de laine en tricot.

23. Necesito una almilla de punto.

24. Tout ce que vous avez de plus chaud.

24. Lo que V. tenga de más abrigo.

25. Je le voudrais de couleur foncée.

25. La quisiera de color oscuro.

26. Montrez-moi des cravates noires — de couleur — de fantaisie — en soie — en foulard.

26. Enséñeme V. corbatas negras — de color — de capricho — de seda — de fular.

27. Un grand foulard pour mettre autour du cou.

27. Un gran fular para el cuello.

28. Avez-vous des gants de peau — de fil ?

28. ¿ Tiene V. guantes de piel — de hilo ?

29. Puis-je les essayer ?

29. ¿ Puedo probarlos ? —

— Mettez de la poudre — passez-y les baguettes.

30. Recousez les boutons, ils ne tiennent pas.

31. Auriez-vous des boutons en nacre pour chemises — faux cols — manchettes ?

Écheles V. polvos — ábralos V.

30. Cosa V. los botones — estan flojos.

31. ¿ Tiene V. botones de nácar para camisa — cuellos postizos — puños ?

XIV. Modiste.

XIV. Modista.

1. Montrez-moi, je vous prie, des chapeaux, pas celui-là, celui qui est à côté.

2. Croyez-vous que cette couleur convienne à mon teint ?

3. Je n'aime pas la forme de ce chapeau.

4. La forme de ces chapeaux est bien petite.

5. On porte donc ici des chapeaux comme cela ?

6. Essayez-moi celui-là.

7. Pouvez-vous mettre dessus le bouquet qui se trouve sur celui-ci ?

8. Je veux un chapeau qui me garantisse du soleil — je voudrais de plus grands bords.

9. Montrez-moi un chapeau de paille d'Italie.

10. Pouvez-vous me le garnir avec un bouquet de fleurs des champs, bleuets, coquelicots, etc. ?

11. Je préfère une garni-

1. Enséñeme V. sombreros, este no, el que está á su lado.

2. ¿ Cree V. que este color sentará bien á mi tez ?

3. No me gusta la forma de este sombrero.

4. La forma de estos sombreros es muy pequeña.

5. ¡ Qué ! ¿ se lleva aquí esa clase de sombreros ?

6. Pruébeme V. aquel.

7. ¿ Se puede poner á este el ramillete de aquel ?

8. Quiero un sombrero que me guarezca del sol — que tenga alas más grandes.

9. Enséñeme V. un sombrero de paja de Italia.

10. ¿ Puede V. adornarle con un ramillete de flores campestres — aciano — amapolas, etc. ?

11. Prefiero un adorno de

ture en velours — en rubans de soie.

12. Vous devez avoir des plumes?

13. Que me conseillez-vous de mettre dessus?

14. C'est trop simple.

15. Cela fait trop d'effet.

16. Il me faudrait une voilette.

17. Je la voudrais assez jolie — très-ordinaire.

18. Avez-vous des chapeaux de jardin?

19. Je veux un chapeau pour le voyage — quelque chose de fort ordinaire.

20. Auriez-vous un chapeau pour cet enfant?

21. Dites-moi de suite votre prix le plus juste, je n'aime pas à marchander.

22. Pouvez-vous me regarnir ce chapeau?

23. Les rubans ont été perdus par une averse.

24. La plume pourra reservir.

25. Il faut être habitué à cette forme.

26. Il est vrai que l'on en voit beaucoup.

27. Les dames, en Espagne, ne portent pas de chapeaux, et avec leur mantille elles se font une coiffure ravissante

28. Je voudrais une coiffure

terciopelo — de cintas de seda.

12. ¿Debe V. tener plumas.

13. ¿Que me aconseja V. que ponga?

14. Es muy sencillo.

15. Eso hace mucho efecto.

16. Necesitaria un velillo.

17. Le quisiera bastante lindo — muy ordinario.

18. ¿Tiene V. sombreros de jardin?

19. Quiero un sombrero de viaje — muy ordinario.

20. ¿Tiene V. un sombrero para este niño?

21. Dígame V. en seguida el precio exacto, no me gusta regatear.

22. ¿Puede V. volverme á adornar este sombrero?

23. Las cintas se estropearon con un aguacero.

24. La pluma podrá servir todavía.

25. Preciso es estar acostumbrada á esta forma.

26. Verdad es que se ven muchos asi.

27. En España no gastan sombrero las señoras, y con la mantilla, hacen un tocado precioso.

28. Yo quisiera un tocado

très-simple, assez élégante pour aller en soirée.

muy sencillo, bastante elegante, para ir á soirée.

29. Celle-ci est trop lourde, je voudrais quelque chose de très-léger.

29. Este es muy pesado, le quiero más ligero.

30. Ces fleurs ne sont pas fraîches, montrez-m'en d'autres.

30. Estas flores no estan frescas, enséñeme V. otras.

XV. Un opticien.

XV. Un óptico.

1. J'ai cassé mon binocle, je voudrais le remplacer.

1. Se me ha roto el binoclo, quisiera reemplazarle.

2. Montrez-moi les montures que vous avez.

2. Enséñeme V. algunas armazones.

3. Je la voudrais en acier — en argent — en or — en écaille.

3. La quiero de acero — de plata — de oro — de concha.

4. Ce système est incommode ; il ne tient pas sur le nez — il serre trop le nez.

4. Este sistema es incómodo ; no se sujeta en la nariz — la aprieta mucho.

5. Je ne sais si vous avez la même manière de classer les verres.

5. No sé si tiene V. el mismo modo de clasificar los cristales.

6. J'avais du numéro.... je suis myope.

6. Tenia el número.... soy miope.

7. Je suis presbyte.

7. Soy présbita.

8. Donnez-m'en plusieurs à essayer avant de les ajuster au lorgnon.

8. Deme V. otros que ensayar ántes de ajustarlos en el lente.

9. Ceux-ci sont trop forts — trop faibles.

9. Estos son muy fuertes — muy débiles.

10. Ils me fatigueraient la vue.

10. Me cansarian la vista.

11. Ceux-ci vont bien, vous pouvez les mettre.

11. Estos son buenos, póngalos V.

12. Je désirerais des lunettes bleues.

12. Quisiera unos anteojos azules.

13. Cette monture est trop lourde, j'en voudrais en acier très-fin.

14. Montrez-moi des lorgnettes — pour la campagne — pour le théâtre.

15. Je veux une lorgnette marine, ce que vous avez de plus puissant.

16. Elle est trop grosse — c'est un vrai monument à porter.

17. Vous devez en avoir de plus légères.

18. Avez-vous de ces petites lorgnettes très-petites ?

19. Je voudrais un étui et une courroie pour la suspendre.

20. Voici de beaux microscopes, combien les vendez-vous ?

21. Vous fabriquez les instruments de précision ?

22. Donnez-moi donc une loupe, celle-ci est trop forte.

23. Vous tenez certainement aussi les baromètres et les thermomètres ?

24. Il ne faut pas penser à acheter cela lorsque l'on est en voyage.

13. Esta armazon es muy pesada, la quisiera de acero muy fino.

14. Enséñeme V. anteojos — para el campo — para el teatro.

15. Quiero un anteojo marino, el de más alcance que V. tenga.

16. Es muy grueso — un verdadero monumento.

17. Debe V. tenerlos más ligeros.

18. ¿ Tiene V. anteojitos, muy pequeños ?

19. Necesito un estuche y una correa para colgarle.

20. Hé aquí unos hermosos microscopios. ¿ Cuánto valen ?

21. ¿ V. fabrica instrumentos de precision ?

22. Déme V. pues un lente, este es muy fuerte.

23. ¿ Tambien tendrá V. barómetros y termómetros ?

24. Inútil es pensar comprar eso cuando se está de viaje.

XVI. Chez un tailleur.

XVI. Con un sastre.

1. Indiquez-moi un bon tailleur.

1. Indiqueme V. un buen sastre.

2. Montrez-moi, je vous prie, une étoffe pour un pantalon d'été — d'hiver.

3. Je désire une étoffe plus chaude — plus légère — plus souple.

4. Cette étoffe me convient.

5. Cette étoffe est trop claire — trop foncée.

6. Je n'aime pas cette disposition.

7. Je prendrai cette étoffe-ci — mettez-la de côté.

8. Faites-moi un pantalon collant — demi-collant — large.

9. Quel sera le prix du pantalon ?

10. C'est trop cher, je voudrais meilleur marché.

11. Je monte à cheval, vous mettrez des sous-pieds.

12. Remarquez que je ne porte pas de bretelles, il faut que le pantalon serre à la ceinture.

13. Vous me ferez ce pantalon un peu large, je n'aime pas à être serré.

14. Montrez-moi de l'étoffe pour un gilet — de drap — — de fantaisie — de soie — de piqué — de coutil.

15. Faites-moi un gilet à châle — découvert — de soirée et très-ouvert — montant — sans col — croisé.

16. Vous me mettrez une

2. Sírvase V. enseñarme una tela para pantalon de verano — de invierno.

3. Deseo una tela más caliente — más ligera — más flexible.

4. Este paño me conviene.

5. Este paño es claro — demasiado oscuro.

6. No me gusta esta forma.

7. Tomaré este paño — sepárele V.

8. Quiero un pantalon estrecho — medio ajustado — ancho.

9. ¿ Cual será el precio del pantalon ?

10. Es muy caro, le quiero más barato.

11. Monto á caballo, ponga V. estriberas.

12. Repare V. que no gasto tirantes, es preciso que el pantalon sea estrecho de cintura.

13. Hágame V. el pantalon algo ancho, no me gusta estar apretado.

14. Enséñeme V. género para un chaleco de paño — de fantasia — de seda — de piqué — de cuti.

15. Hágame V. un chaleco de chal — abierto — de soirée, muy abierto — subido — sin cuello — cruzado.

16. Póngame V. bolsillo

poche de lorgnon à gauche — à droite.

17. Il me faut une jaquette — en étoffe légère — en coutil — en drap un peu épais.

18. Montrez-moi des étoffes pour une redingote — un pardessus —,un paletot.

19. N'avez-vous pas des dessins pour me montrer ce que vous pensez me faire ?

20. Prenez-moi mesure, je n'aime pas à être serré dans mes habits.

21. Vous me mettrez une poche de portefeuille à gauche et une autre à droite pour le porte-cigare.

22. Quelle doublure me mettrez-vous ?

23. La soie s'use trop vite, mettez-moi autre chose.

24. Je suis très-frileux, mettez-moi quelque chose de bien chaud.

25. Quel prix me ferez-vous payer le tout ?

26. Il faut me diminuer quelque chose.

27. Quel jour devrai-je venir essayer ?

28. Pouvez-vous venir m'essayer ces effets ?

29. Je préfère venir les essayer.

30. Combien vous faut-il de temps pour les faire ?

31. C'est trop tard.

de lente á la izquierda — á la derecha.

17. Necesito una jaquette — de tela ligera — de cutí — de paño algo fuerte.

18. Enséñeme V. géneros para una levita — un sobre —todo — un paletot.

19. ¿ Tiene V. figurines para ver lo que va á hacer ?

20. Tómeme V. medida, no me gusta la ropa estrecha.

21. Pónga V. un bolsillo de cartera á la izquierda y otro á la derecha para la petaca.

22. ¿ Qué forros pondrá V. ?

23. La seda se usa pronto, ponga V. otra cosa.

24. Soy muy friolero, póngame V. algo que caliente.

25. ¿ Qué precio quiere V. por todo ?

26. Hay que rebajar algo.

27. ¿ Qué dia vendrá á probármelo ?

28. ¿ Puede V. venir á probarme estas prendas ?

29. Prefiero venir á probármelas.

30. ¿ Cuánto tardará V. en hacerlas ?

31. Es muy tarde.

32. Il me les faut absolument pour....

32. Las necesito absolutamente para....

33. Si vous pensez ne pas arriver, ne vous en chargez pas.

. 33. Si no cree V. conseguirlo, no las haga.

34. Si vous me manquez de parole, le tout vous restera pour compte.

34. Si falta V. á la palabra, no lo tomo.

35. Je tiens beaucoup à l'exactitude.

35. Me gusta mucho la exactitud.

36. Les jambes du pantalon sont trop longues — trop courtes — trop étroites — trop larges.

36. Las piernas del pantalon son muy largas — muy cortas — muy estrechas — muy anchas.

37. Le fond est trop étroit, je ne puis me baisser.

37. El trasero es muy estrecho, no puedo bajarme.

38. Il est trop large de ceinture.

38. Es muy ancho de cintura.

39. Il va bien ainsi, j'en suis content.

39. Asi está bien, me gusta.

40. Voyons le gilet — il est trop ouvert — trop montant — trop large du bas.

40. Veamos el chaleco — es demasiado abierto — demasiado subido — ancho.

41. Mettez-y d'autres boutons, ceux-ci me déplaisent.

. 41. Ponga V. otros botones, no me gustan estos.

42. Essayons le paletot — la jaquette.

42. Probemos el paletot — la jaquette.

43. Cela me gêne sous les bras.

43. Me molesta en la sobaquera.

44. Le col est trop haut.

44. El cuello es muy alto.

45. Les manches sont trop courtes — trop longues — trop larges.

45. Las mangas son muy cortas — largas — anchas.

46. La jupe est trop longue.

46. El vuelo es muy largo.

47. Reculez les boutons.

47. Ponga V. más atras los botones.

48. Faites-moi une poche ici.

48. Hágame V. aqui un bolsillo.

49. Faites ces retouches de suite.

49. Retóquelo V. en seguida.

50. Quand cela sera-t-il terminé ?

50. ¿ Cuándo estará concluido ?

51. Voici mon adresse ; vous me livrerez à l'hôtel de.... chambre n°....

51. Hé aquí mi direccion ; me lo llevará V. á la fonda de.... cuarto número....

52. Venez le matin avant dix heures.

52. Venga V. por la mañana ántes de las diez.

53. Je compte sur votre promesse.

53. Cuento con la promesa de V.

54. Vous apportérez votre facture et je vous payerai de suite.

54. Lleve V. la cuenta, y la pagaré en seguida.

CHAPITRE VIII

EXCURSIONS ET PROMENADES

EXCURSIONES Y PASEO.

I. Pour une excursion à pied.

I. Para una excursion á pié.

1. Y a-t-il loin d'ici à... ?

1. ¿ Hay mucho de aquí á... ?

2. La route est-elle longue — belle ?

2. ¿ Es el camino largo — hermoso ?

3. Est-ce un chemin que je puis faire à pied ?

3. ¿ Es un camino que se puede hacer á piés ?

4. Quinze kilomètres ne m'effrayent pas.

4. No me asustan quinoe kilómetros.

5. Ne pourriez-vous m'in-

5. ¿ Me indicará V. un

diquer un chemin de traverse qui abrége la distance?

6. Vous me dites qu'il a l'inconvénient d'être très-mauvais.

7. Il est cependant praticable.

8. Il est très-sablonneux.

9. Il monte très-rapidement.

10. Trouverai-je de bonnes auberges sur la route?

11. Combien faut-il d'heures pour faire le trajet?

12. Le paysage est-il joli?

13. Quel chemin des deux me conseillez-vous de prendre?

14. J'aime mieux le plus difficile s'il est plus pittoresque.

15. Si je me trouvais fatigué, pourrais-je trouver à coucher?

16. Mon ami, pourriez-vous me dire si je suis bien dans le chemin qui mène à...?

17. Vous croyez que je me suis trompé?

18. On m'avait pourtant bien dit de suivre tout droit, puis de tourner à gauche.

19. Vous seriez bien aimable de me remettre dans mon chemin.

20. Vous conviendrait-il de porter un peu mon sac?

21. L'endroit que je vais voir est-il curieux?

atajo que acorte la distancia?

6. Dice V. que tiene el inconveniente de ser muy malo.

7. Pero es practicable.

8. Es muy arenoso.

9. Está en cuesta muy rápida.

10. ¿ Habrá buenas posadas en el camino?

11. ¿ Cuántas horas se necesitan para llegar?.

12. ¿ El paisaje es lindo?

13. ¿ Cual de los dos caminos me aconseja V. que tome?

14. Prefiero el mas áspero si es mas pintoresco.

15. Si me canso, ¿ hallaré donde dormir?

16. Amigo, ¿ tiene V. la bondad de decirme si voy bien en direccion á...?

17. ¿ Cree V. que me he equivocado?

18. Sin embargo me dijeron que siguiese todo derecho y despues volviese á la izquierda.

19. Mucho agradeceria á V. que me pusiese en camino.

20. ¿ Tendria V. inconveniente en llevar mi saco?

21. ¿ Es curioso el sitio que voy á ver?

22. Voyez-vous beaucoup d'étrangers y aller ?

22. ¿ Le visitan muchos extranjeros ?

23. Conduisez-moi donc dans un endroit où nous pourrons nous rafraîchir.

23. Lléveme V. adonde refresquemos.

24. Vous accepterez bien un verre de vin (ou de bière) avec moi ?

24. Acepte V. una copa de vino (ó de cerbeza) conmigo.

II. Pour une promenade en voiture.

II. Para pasearse en coche.

1. Il me faudrait une voiture pour faire l'excursion de....

1. Necesitaria un coche para la excursion de...

2. Indiquez-moi un loueur.

2. Indíqueme V. un alquilador.

3. Il me faudrait une voiture découverte à deux chevaux.

3. Quisiera un coche descubierto con dos caballos.

4. Celle-ci est trop petite, nous sommes quatre.

4. Este es muy pequeño, somos cuatro.

5. Une petite voiture à un cheval suffira.

5. Bastará un cochecito de un caballo.

6. Nous ne sommes que deux.

6. No somos mas que dos.

7. Que prenez-vous pour la journée ?

7. ¿ Qué hace V. pagar al dia ?

8. Nous voulons aller visiter....

8. Queremos ir á visitar...

9. Je voudrais un bon cheval.

9. Quiero un buen caballo.

10. Celui-là ne doit pas être assez fort, le cocher nous ferait descendre à chaque instant.

10. Ese no debe de ser muy fuerte : el cochero nos haria apear á cada paso.

11. Vous n'avez pas de voiture plus confortable ? celle-ci est ignoble.

11. ¿ No tiene V. un coche mas cómodo ? ese vale poco.

12. Vous pourrez venir nous prendre demain à sept heures du matin, hôtel de....

12. Venga V. á buscarnos mañana á las siete de la mañana á la fonda de...

13. Ayez soin de découvrir la voiture.

13. Cuide V. que esté abierto el coche.

14. Cocher, c'est vous qui allez nous conduire.

14. Cochero, V. nos va á llevar.

15. Si vous êtes complaisant, vous aurez un bon pourboire.

15. Si es V. complaciente tendrá una buena propina.

16. Prenez la plus belle route.

16. Tome V. el camino mas hermoso.

17. Vous connaissez bien l'endroit dont je veux vous parler ?

17. ¿ Ya sabe V. el punto de que hablo ?

18. Combien faut-il de temps pour y aller ?

18. ¿ Cuanto se tarda en ir ?

19. Nous y trouverons de quoi déjeuner ?

19. ¿ Habrá alli de almorzar ?

20. En route et bon train.

20. Andando y á buen paso.

21. Arrêtez-vous un peu, nous allons monter la route à pied.

21. Pare V. un poco : subirémos la cuesta á pié.

22. Votre cheval a chaud, laissez-le souffler.

22. Ese caballo está sudando, déjele V. respirar.

23. Il commence à pleuvoir, baissez la capote.

23. Empieza á llover, eche V. la capota.

24. Vous pouvez dételer votre cheval, si vous voulez ; nous allons déjeuner ici.

24. Desenganche V. el caballo, almorzarémos aquí.

25. Cocher, vous pouvez atteler, nous allons partir.

25. Cochero, á enganchar, que nos vamos.

26. Pressez votre cheval, nous ne serons jamais rentrés pour dîner.

26. Apresure V. el caballo, no podremos estar en casa para comer.

III. Pour une excursion à cheval ou à mulet.

1. Je voudrais un mulet et un guide pour aller à....

2. Croyez-vous qu'un guide soit nécessaire ?

3. J'aime mieux en avoir un, on ne risque pas de passer près de quelque chose de curieux sans le voir.

4. On m'a dit qu'il y avait deux routes pour aller à...

5. Quelle est la meilleure ?

6. Je ne voudrais pas d'une route qui soit unie comme la main.

7. Je viens pour me promener, j'aime mieux la route la plus curieuse, quand même elle serait plus longue.

8. Dois-je emporter des provisions ?

9. Je trouverai toujours bien du pain et du fromage, avec cela on ne meurt pas de faim.

10. En voyage je ne suis pas difficile.

11. Quel est le prix du cheval ?

12. Combien donne-t-on eu guide ?

13. La nourriture du mulet ne me regarde pas plus que aelle du guide.

III. Para una excursion á caballo ó en mulo.

1. Quiero un mulo y un guia para ir á...

2. ¿ Cree V. que necesite un guia ?

3. Prefiero llevarle para no pasar al lado de alguna curiosidad sin verla.

4. Dicen que hay dos caminos para ir á...

5. ¿ Cual es el mejor ?

6. No quisiera que el camino fuese liso como la palma de la mano.

7. Vengo á pascarme, y me gusta mas el camino accidentado aunque sea mas largo.

8. ¿ Llevaré provisiones ?

9. Siempre encontraré pan y queso, con lo cual nadie se muere de hambre.

10. No soy difícil en viaje.

11. ¿ Cuánto por el caballo ?

12. ¿ Qué se paga al guia por dia ?

13. Nada tengo que ver con el alimento del mulo ni del guia.

14. Vous pouvez m'assurer que la route est bien sûre ?

15. Le temps des brigands est passé.

16. Guide, le cheval n'est pas assez sanglé.

17. La selle tourne.

18. Raccourcissez-moi les étriers.

19. Rallongez donc un peu les étriers.

20. Attachez cette petite valise derrière la selle.

21. Quelle est la montagne que nous voyons là-bas ? — Vous dites qu'il va falloir en faire l'ascension ?

22. Cela va nous prendre beaucoup de temps. — Combien pour monter environ ?

23. Trouverons-nous au moins à nous rafraîchir là-haut ?

24. Que récolte-t-on dans ce pays ?

25. Quelle est la principale culture ?

26. Je ne vois guère de vignes.

27. Vos blés sont maigres, la terre est mal entretenue.

28. Il y a beaucoup de bois dans ce pays.

29. Le vendez-vous bien ?

30. L'exploitation doit en être difficile, parce qu'il n'y a ni rivières ni chemins de fer.

14. ¿ Crée V. que el camino es seguro ?

15. Pasó ya el tiempo de los ladrones.

16. Guia, la cincha del caballo está floja.

17. La silla dá vuelta.

18. Encoja V. los estribos.

19. Alárgueme V. los estribos.

20. Sujete V. esta maletilla en la grupa.

21. ¿ Qué montaña es la que se vé á lo léjos ? — ¿ Dice V. que tendrémos que subirla ?

22. Eso nos costará mucho tiempo. — ¿ Cuánto se tarda en subir ?

23. ¿ Encontrarémos al ménos con que refrescarnos arriba ?

24. ¿ Qué se cosecha en este país ?

25. ¿ Cual es el principal cultivo ?

26. No veo viñas.

27. Los trigos son pobres y la tierra mal cuidada.

28. Hay mucha leña en este país.

29. ¿ Se vende bien?

30. Su explotacion debe ser difícil por falta de rios y de ferrocarril.

31. Le paysan est-il aisé ?

31. ¿ Están desahogadso los aldeanos ?

32. S'il ne l'est pas, ce doit être sa faute, parce que le sol a l'air très-bon.

32. Si no lo están debe ser por culpa suya porque la tierra parece buena.

33. Voilà de beaux moutons.

33. ¡ Qué hermosos carneros !

34. Vos vaches sont très-petites.

34. Las vacas son muy pequeñas.

35. Donnent-elles beaucoup de lait ?

35. ¿ Dan mucha leche ?

36. Vous vous servez de bœufs pour le labourage ?

36. ¿ Se sirven Vds. de bueyes para la labranza ?

37. Faites-vous des élèves de chevaux ?

37. ¿ Se dedican Vds. á la cria caballar ?

38. Votre pays est renommé pour ses beaux chevaux.

38. El país es famoso por sus buenos caballos.

39. Jusqu'à quel âge les mettez-vous au pré ?

39. ¿ Hasta qué edad los tienen Vds. en el campo ?

40. Les mulets, chez nous, remplacent les chevaux. — Ils ont le pied plus sûr pour la montagne.

40. Aquí los mulos reemplazan á los caballos. — Tienen el pié mas seguro para la montaña.

41. Quelle est donc cette petite espèce de cochons noirs que je vois partout ?

41. ¿ Qué especie de cochinillos negros es esa que veo por todas partes ?

42. Le gibier est-il abondant ?

42. ¿ Abunda la caza ?

43. Quelle espèce de gibier avez-vous ?

43. ¿ Qué especie de caza tienen Vds. ?

44. La chasse ne doit être permise que pendant un certain temps.

44. No debe permitirse la caza sino durante cierto tiempo.

45. A partir de quelle époque ?

45. ¿ Desde qué época ?

46. Quand ferme-t-elle ?

46. ¿ Cuándo se cierra ?

47. Il faut naturellement un port d'armes ?

47. Naturalmente se necesita licencia.

48. Combien coûte-t-il ?

48. ¿ Cuánto cuesta ?

49. Y a-t-il beaucoup de braconniers ?

50. En causant, la route paraît moins longue — le temps passe plus vite.

49. ¿ Hay muchos cazadores fraudulentos ?

50. Con la conversacion parece ménos largo el camino — pasa pronto el tiempo.

IV. Pour une promenade en bateau.

IV. Para un paseo en barco.

1. Indiquez-moi le patron d'une barque.

2. Je voudrais faire une promenade en bateau sur le lac.

3. Voyons les bateaux que vous avez.

4. Allez-vous à la voile ou à la rame ?

5. Je crains toujours d'aller à la voile.

6. On dit toujours qu'il n'y a pas de danger, jusqu'à ce qu'un accident soit arrivé.

7. Combien mettrez-vous de rameurs ?

8. S'il y a assez de vent, je préfère aller à la voile.

9. N'allez à la rame que si vous ne pouvez pas faire autrement.

10. Combien peut-on tenir dans votre bateau ?

11. Il faut avant de partir vider l'eau qui est dans la cale.

12. Vous aurez bien un coussin à nous donner pour nous asseoir ?

1. Enséñeme V. un patron de barca.

2. Quisiera pasearme por el lago.

3. Veamos los botes que V. tiene.

4. ¿ Va V. á vela ó á remo ?

5. Siempre temo ir á vela.

6. Dícese que no hay peligro hasta que sucede la desgracia.

7. ¿ Cuántos remeros pone V. ?

8. Si hay bastante viento prefiero ir á vela.

9. No vaya V. á remo sino cuando no se puede de otro modo.

10. ¿ Cuantos caben en la embarcacion ?

11. Ántes de marchar hay que achicar el agua.

12. ¿ Nos dará V. un cogin para sentarnos ?

13. Combien allez-vous nous prendre pour une promenade de deux heures?

13. ¿Cuánto se paga por un paseo de dos horas?

14. Combien mettrez-vous de temps pour traverser le lac?

14. ¿Qué tiempo se tarda en cruzar el lago?

15. Vous nous demandez beaucoup trop. Je vous offre tant par heure, nous serons le temps que nous voudrons.

15. Pide V. mucho, le ofrezco á V... por hora y estarémos el tiempo que nos acomode.

16. Arrangez votre bateau pour partir le plus vite possible.

16. Apronte V. la barca para salir cuanto ántes.

17. Vous devez pouvoir mettre une tente, car il fait un soleil de plomb.

17. Ponga V. un toldo, porque hace un sol de plomo.

18. Peut-on se baigner dans le lac — dans la rivière?

18. ¿Se puede uno bañar en el lago—en el rio?

19. Vous dites que l'eau est beaucoup trop froide?

19. ¿Dice V. que el agua es muy fria?

20. Cela m'est égal, je ne suis pas frileux.

20. No importa, no soy sensible al frio.

21. Le courant a l'air d'être très-rapide.

21. Parece que es muy violenta la corriente.

22. Y a-t-il beaucoup de fond?

22. ¿Hay mucha profundidad?

23. Ce doit être très-poissonneux.

23. Debe abundar la pesca.

24. Le temps se couvre, rentrons au plus vite.

24. El cielo se anubla, volvamos cuanto ántes.

V. Pour une promenade en mer.

V. Para un paseo por mar.

1. Je voudrais une barque pour faire un tour dans le golfe.

1. Quisiera una barquilla para dar una vuelta por el golfo.

2. Je voudrais faire une promenade en mer.

2. Deseo dar un paseo por mar.

3. Procurez-moi une barque pour faire une petite promenade en mer.

3. Proporcióneme V. una barquilla para dar un paseito por mar.

4. Vous êtes le patron de la barque ?

4. ¿Es V. el patron de la barca ?

5. Combien me prendrez-vous pour faire un tour d'une marée à l'autre ?

5. ¿ Cuánto me llevará V. por pasearme de marea á marea ?

6. Je voudrais visiter les côtes.

6. Deseo recorrer la costa.

7. Nous voudrions aller visiter le bâtiment américain qui est mouillé au large.

7. Quisiéramos ir á bordo del buque americano que está fondeado en alta mar.

8. Pensez-vous que demain le temps soit favorable ?

8. ¿ Tendremos mañana tiempo favorable ?

9. Comment sont les vents ? — nord — nord-ouest — nord-est — sud — sud-est — sud-ouest ?

9. ¿ Qué vientos hay ? — Norte — Noroeste — Nordeste — Sur — Sud-este — Sudoeste ?

10. Combien d'hommes avez-vous avec vous ?

10. ¿ Cuántos hombres lleva V. consigo ?

11. Votre barque est pontée ?

11. ¿ La barca tiene cubierta ?

12. Je tiens à avoir une barque pontée.

12. Tengo empeño en que la barca sea con cubierta.

13. A quelle heure la première marée ?

13. ¿ Á qué hora es la primera marea ?

14. Nous partirons, dès qu'elle montera.

14. Partirémos desde que empiece á subir.

15. Je serai très-matinal.

15. Seré muy matinal.

16. Nous emporterons par précaution quelques provisions.

16. Llevaremos por precaucion provisiones.

17. On sait bien quand on part, mais on ne sait pas quand on revient.

17. Se sabe cuando se sale, pero no cuando se vuelve.

18. Sommes-nous prêts pour embarquer ?

18. ¿ Estamos prontos á embarcarnos ?

19. Donnez-moi la main.

19. Deme V. la mano.

20. Nous avons bonne brise.

20. Tenemos brisa fresca.

21. Je ne suis jamais malade.

21. Jamás me mareo.

22. Ce mouvement de tangage m'incommode beaucoup, je vais être malade.

22. Este balanceo molesta mucho, me voy á marear.

23. Ne vous occupez pas de moi.

23. No se ocupe V. de mi.

24. Le vent change — nous avons vent debout — nous avons vent arrière.

24. Cambia el viento — tenemos viento de proa — tenemos viento de popa.

25. Comment appelez-vous cette voile ?

25. ¿ Cómo se llama esta vela?

26. Nous sommes dans un fort courant.

26. Nos encontramos en una corriente fuerte.

27. Faut-il larguer cette amarre ?

27. ¿ Largo esta amarra ?

28. Le vent est très-fort, si vous preniez un ris — deux ris.

28. El viento es muy fresco, coja V. un rizo — dos rizos.

29. Pouvez-vous aborder ?

29. ¿ Puede V. aportar ?

30. Faut-il vous tenir le gouvernail ?

30. Quiere V. que tenga el timon ?

31. Voulez-vous une goutte de rhum — d'eau-de-vie ?

31. ¿ Toma V. una gota de rom — aguardiente?

32. Un marin ne refuse jamais cela.

32. Eso jamás lo rehusa un marino.

33. Maintenant, donnez-moi du feu pour allumer ma pipe.

33. Ahora déme V. fuego para encender la pipa.

34. Avez-vous de l'amadou ? jamais vous ne ferez prendre une allumette avec le vent qu'il fait.

34. ¿ Tiene V. yezca? Jamás prenderá una pajuela con este viento.

35. Pourriez-vous avec ce bord faire le cabotage ?

35. ¿ Podria V. hacer el cabotaje con esa barquilla?

36. Combien jauge-t-il de tonneaux ?

36. ¿ Cuántas toneladas tiene ?

37. Nous marchons vite, combien de nœuds filons-nous ?

37. Vamos bien, ¿ cuantos nudos andamos?

38. Combien croyez-vous qu'il y ait de brasse de profondeur à l'endroit où nous sommes ?

38. ¿ Cuàntas brazas son deará el sitio en que estamos?

39. La mer est trop forte, il vaut mieux rentrer.

39. La mar está muy brava, mas vale volver.

40. Mettons le cap sur....

40. Pongamos la proa hácia...

41. Avez-vous servi dans la marine de l'État ? — Pendant combien de tempś ?

41. ¿ Ha servido V. en la marina del estado ? — ¿ Cuánto tiempo ?

42. Avez-vous passé le cap Horn ?

42. ¿ Pasó V. el cabo de Hornos ?

43. Le vent est tout à fait tombé ; nous n'avançons plus.

43. Ha caido el viento, ya no avanzamos.

44. Nous serons obligés de rentrer à la rame.

44. Tendrémos que aportar al remo.

45. Pourvu que nous arrivions à temps pour rentrer dans le port.

45. Con tal que lleguemos á tiempo para entrar en el puerto.

46. La marée doit commencer à baisser.

46. Empieza á bajar la marea.

47. Pourriez-vous nous mettre à terre avec le petit canot ?

47. ¿ Podria V. echarnos á tierra con el botecito ?

48. Je suis heureux d'être débarqué.

48. Cuanto me alegro de haber ya desembarcado.

49. Je commençais à en avoir assez.

49. Empezaba á cansarme.

50. Je suis content de cette

50. Estoy contento de este

promenade, et je la recommencerai volontiers.

paseo y con gusto le volveria á dar.

VI. En omnibus.

VI. En ómnibus.

1. Pourriez-vous m'indiquer l'omnibus qui conduit à... ?

2. Passe-t-il dans cette rue ?

3. Dois-je aller au bureau prendre un numéro ?

4. Veuillez me donner un numéro pour la voiture qui conduit à....

5. Cette voiture est-elle bien celle qui conduit à... ?

6. Conducteur, vous m'arrêterez à la Bourse.

7. Vous m'arrêterez aussi près que possible de la place Royale.

8. Passez-vous loin de la Banque ?

9. Dès que vous aurez une place en haut, vous m'avertirez.

10. Dès qu'il y aura une place de libre dans l'intérieur, vous me préviendrez.

11. Donnez-vous des correspondances ?

12. De quel côté voyez-vous une place ?

13. Quel temps mettez-vous à peu près pour aller au Palais-Royal ?

1. ¿ Podria V. indicarme el ómnibus que va á...?

2. ¿ Pasa por esta calle?

3. ¿ Deberé ir al despacho á tomar un número ?

4. Deme V. un número para el coche que va á...

5. ¿ Es este coche el que conduce á...?

6. Conductor, me parará V. en la bolsa.

7. Páreme V. lo mas cerca que sea posible de la plaza Real.

8. ¿ Pasa V. léjos del Banco ?

9. En cuanto haya un asiento arriba me prevendrá V.

10. Prevéngame V. cuando haya un asiento libre en el interior.

11. ¿ Dá V. correspondencias ?

12. ¿ En dónde ve V. un asiento ?

13. ¿ Cuánto se tarda en ir al Palacio Real ?

14. Veuillez me permettre de m'asseoir — de passer — de descendre.

14. Permítame V. séntarme — pasar — bajar.

15. Conducteur, voulez-vous arrêter ?

15. Conductor, ¿ quiere V. parar ?

16. Si cela ne vous dérange pas, j'ouvrirai ce carreau — je le fermerai.

16. Si no le molesta á V., abriré — cerraré este cristal.

17. Jusqu'à quelle heure les omnibus vont-ils ?

17. ¿ Hasta qué hora circulan los ómnibus ?

18. La place est-elle d'un prix uniforme quelle que soit la distance ?

18. ¿ Es igual el precio cualquiera que sea la distancia.

19. L'omnibus passe-t-il fréquemment ?

19. ¿ Pasa el ómnibus con frecuencia ?

VII. En fiacre.

VII. En simon.

1. A quel endroit trouverai-je un fiacre ?

1. ¿ En qué punto encontraré un simon ?

2. Pourriez-vous me donner leur tarif ?

2. ¿ Podria V. darme su tarifa ?

3. Aurai-je avantage à le prendre à l'heure ou à la course ?

3. ¿ Me convendria mas tomarle á la hora ó á la carrera ?

4. Cocher, je vous prends à l'heure ; voyons votre montre.

4. Cochero, vamos á la hora, veamos su reloj de V.

5. Elle avance (retarde) de cinq minutes sur la mienne.

5. Adelanta — retrasa — cinco minutos con el mio.

6. Je vais à la poste, marchez rondement — allez donc un peu plus vite.

6. Voy al correo, ande V. bien — vaya V. un poco mas aprisa.

7. Vous m'arrêterez au premier bureau de tabac.

7. Pare V. en el primer estanco.

8. Mettez cette malle sur la voiture.

8. Ponga V. este baul en el coche.

9. Donnez-moi votre tarif.

9. Deme V. la tarifa.

10. Vous demandez plus qu'il ne vous est dû.

10. Pide V. mas de lo justo.

11. Je vous dois deux heures un quart, ce qui fait... vous n'aurez rien de plus.

11. Selo debo dos horas y cuarto, lo que hace...... no daré á V. nada de mas.

12. Cocher, je vous prends pour toute la journée : conduisez-moi aux endroits les plus curieux.

12. Cochero, le tomo á V. por todo el dia, lléveme á los sitios mas curiosos.

13. Quel est ce grand monument ?

13. ¿ Cual es ese gran monumento ?

14. Comment appelez-vous cette place ? Sommes-nous loin de la cathédrale ?

14. ¿Cómo se llama esa plaza ? ¿ Está léjos la catedral ?

15. Connaissez-vous un bon restaurant ?

15. ¿ Sabe V. de una buena fonda ?

16. Ne pourrais-je pas trouver dans les environs un cabinet d'aisances ?

16. ¿ No podria encontrar por aqui un lugar escusado ?

17. Savez-vous si le musée est ouvert en semaine ?

17. ¿ Sabe V. si el museo está abierto durante la semana ?

18. Cocher, je suis content de la promenade que vous m'avez fait faire, revenez me prendre demain à la même heure.

18. Cochero, estoy muy satisfecho del paseo que hemos dado, vuelva V. mañana á la misma hora.

VIII. Pour visiter un pays.

VIII. Para recorrer un país.

1. Combien faut-il compter de temps pour visiter ce pays ?

1. ¿ Cuánto tiempo se necesita para recorrer este pais ?

2. Est-ce un voyage long — coûteux ?

2. ¿ Es un viaje largo — costoso ?

3. Peut-on faire beaucoup de trajet en chemin de fer ?

3. ¿ Se anda mucho por ferro-carril ?

4. Seriez-vous assez bon

4. ¿ Tiene V. la bondad de

pour me faire un petit itinéraire ?

5. Les voyages sont-ils fa-
ciles dans ce pays ?

6. Est-ce un pays curieux
à visiter ?

7. Quelle est la saison pré-
férable pour faire ce voyage ?

8. Combien faut-il de
temps pour aller et venir ?

9. Cette excursion deman-
de-t-elle beaucoup de jours ?

10. Une journée suffit-elle
pour tout voir ?

11. Peut-on y aller en
voiture ?

12. Peut-on facilement se
faire comprendre dans les
hôtels ?

13. Un guide est-il indispensable ?

14. A quelle distance sommes-nous de... ?

15. Combien faut-il de
temps pour retourner ?

16. Est-ce vraiment aussi
curieux que l'on dit ?

17. Je regretterais de quitter ce pays sans y avoir été.

18. Vous me conseillez
d'y aller ?

19. Est-ce un voyage facile
à faire avec une dame ?

IX. Pour visiter une ville.

1. Combien pensez-vous

marcarme un itinerario ?

5. ¿ Son cómodos los via-
jes en este pais ?

6. ¿ Es curioso el país ?

7. ¿ Qué estacion debe pre-
ferirse para viajar ?

8. ¿ Cuánto tiempo se tarda en ir y venir ?

9. ¿ Exige muchos dias esta excursion ?

10. ¿ Basta un dia para
verlo todo ?

11. ¿ Puede irse en co-
che ?

12. ¿ Puede uno darse á
entender fácilmente en las
fondas ?

13. ¿ Es indispensable un
guia ?

14. ¿ Á qué distancia nos
encontramos de... ?

15. ¿ Cuanto se tarda en
volver ?

16. ¿ Es en realidad tan
curioso como dicen ?

17. ¿ Sentiria abandonar
el pais sin haber estado allí ?

18. ¿ Me aconseja V. que
vaya ?

19. ¿ Se viaja fácilmente
con una señora ?

IX. Para visitar una ciudad.

1. ¿ Cuántos dias cree V.

qu'il faille de jours pour visiter cette ville ?

2. N'avez-vous pas ici un plan de cette ville ?

3. Quelle est la population de cette ville ?

4. Cette ville est-elle curieuse ?

5. Indiquez-moi les principaux monuments à visiter.

6. Dois-je prendre un cicerone ?

7. En avez-vous un à m'indiquer ?

8. Combien lui donne-t-on par jour ?

9. Je préfère visiter seul, ayez seulement la bonté de me tracer un itinéraire.

10. Faut-il des billets pour visiter....?

11. Auriez-vous la complaisance de demander pour moi les billets nécessaires ?

12. Je désirerais visiter l'arsenal. — Faut-il une permission ? — Mon passe-port suffit-il ?

13. Je désirerais voir la salle d'armes.

14. Indiquez-moi le port, je voudrais visiter quelques bâtiments.

15. Veuillez demander au capitaine s'il veut bien m'autoriser à visiter son bâtiment.

necesarios para visitar la ciudad?

2. ¿ No tiene V. aquí un plano de la ciudad?

3. ¿ Qué poblacion tiene esta ciudad?

4. ¿ Es una ciudad curiosa ?

5. Indíqueme V. los principales monumentos dignos de visitarse?

6. ¿ Deberé tomar un cicerone ?

7. ¿ Tiene V. alguno que indicarme?

8. ¿ Cuánto se le da diariamente?

9. Prefiero visitar solo; tenga la bondad de trazarme un itinerario.

10. ¿ Se necesitan billetes para visitar....?

11. ¿ Tendrá V. la bondad de pedir los billetes necesarios para ir ?

12. Quisiera visitar el arsenal. — ¿ Se necesita permiso?— ¿Basta el pasaporte ?

13. Desearia ver la armería.

14. Señáleme V. el puerto, quisiera visitar algunos buques.

15. Sírvase V. preguntar al capitan si me permite visitar su buque.

16. Combien ce navire porte-t-il de tonneaux ?.

17. Combien votre machine a-t-elle de chevaux de force ?

18. Ce doit être un bon voilier — un bon marcheur.

19. La coupe de ce navire est fort élégante.

20. Combien ce navire porte-t-il de canons ?

21. Tout est rangé avec un ordre admirable.

22. Je vous remercie beaucoup de m'avoir accompagné.

23. Puis-je visiter la fonderie de canons ?

24. Faut-il faire pour cela une demande à l'amirauté ?

25. Indiquez-moi donc le moyen d'arriver à pouvoir entrer, je saurai reconnaître votre obligeance.

26. Où faut-il s'adresser pour entrer dans la cathédrale ?

27. L'église n'est-elle ouverte que le matin ?

28. Je désirerais visiter la cathédrale, pouvez-vous m'accompagner ?

29. Quel est ce tombeau ?

30. De quel siècle est cette partie de l'église ?

31. Le guide que voici me renseigne sur ce que je vois ; je n'ai que faire de vos explications auxquelles je ne comprends rien.

---

16. ¿ Cuántas toneladas mide este buque?

17. ¿ Qué fuerza de caballos tiene esta máquina ?

18. Debe ser buen velero — buen andador.

19. El corte del buque es muy elegante.

20. ¿ Cuántos cañones tiene el buque ?

21. Todo está distribuido con un órden admirable.

22. Mil gracias por haberme acompañado.

23. ¿ Puedo visitar la fundicion de cañones ?

24. ¿ Es preciso hacer para ello una peticion al almirantazgo ?

25. Indíqueme V. un medio de poder entrar, sabré reconocer el favor.

26. ¿ Adónde hay que dirigirse para entrar en la catedral?

27. ¿ Está la iglesia abierta solo por la mañana?

28. Descaria visitar la catedral, ¿ puede V. acompañarme?

29. ¿ Qué sepulcro es ese?

30. ¿ De qué siglo es esta parte de la iglesia?

31. La guia que tengo me informa de cuanto veo ; no me hacen falta las explicaciones de V. que son para mí incomprensibles.

32. Ne puis-je entrer dans cette chapelle ?

33. Pouvez-vous me découvrir ce tableau ?

34. Vous devez avoir ici un tableau de... montrez-le-moi donc.

35. A quel endroit se trouve le tombeau de... ?

32. ¿ No puedo entrar en esta capilla ?

33. ¿ Puede V. descubrirme ese cuadro ?

34. Debe V. tener aquí un cuadro de.... enseñémele V.

35. ¿ En qué lugar está la tumba de... ?

CHAPITRE IX

RÉUNIONS. — THÉATRE. — PLAISIRS.

TERTULIAS. — TEATRO. — PLACERES.

I. En soirée.

I. En tertulia.

1. Seriez-vous assez bon pour me présenter chez votre ami M. X. ?

2. On dit que sa dame est fort aimable et qu'il reçoit très-bien.

3. Je me ferai un plaisir de vous accompagner chez M.

4. Quelle toilette dois-je faire ?

5. Faut-il me mettre en habit et cravate blanche ?

6. Je vous prierai de bien vouloir me présenter à la maîtresse de la maison.

1. ¿ Tendria V. la bondad de presentarme en casa de su amigo el Sr. X. ?

2. Dicen que su señora es muy amable y que él recibe muy bien.

3 Tendré sumo placer en acompañar á V. á casa del Señor.....

4. ¿ Qué traje debo ponerme ?

5. ¿ Hay que llevar frac y corbata blanca ?

6. Sírvase V. presentarme á la señora de la casa.

7. Je suis, Madame, bien reconnaissant à mon ami dont l'obligeance m'a permis de vous présenter mes hommages.

8. Je vous suis très-reconnaissant de votre bienveillant accueil.

9. Quelle ravissante soirée et quelle réunion de jolies personnes !

10. Après avoir vu votre salon on ne peut plus dire que les Parisiennes ont le privilége de l'élégance.

11. Puis-je me permettre d'inviter une dame sans lui être présenté ?

12. Madame, voulez-vous me faire l'honneur de danser avec moi ce quadrille — cette polka — cette mazurka ?

13. Vous seriez bien aimable de me faire vis-à-vis.

14. Je serai très-heureux, mademoiselle, si vous voulez bien m'accorder une valse.

15. Vous dansez admirablement bien.

16. Voulez-vous vous reposer un instant ? nous reprendrons tout à l'heure.

17. Cette jeune personne est très-bonne musicienne, n'est-ce pas la fille de madame X... ?

18. J'ai rarement vu de soirée aussi animée.

7. Señora, agradezco infinito á mi amigo por haberme permitido el presentar á V. mis respetos.

8. Mucho agradezco á V. su bondadosa acogida.

9. ¡ Qué soirée tan deliciosa y qué reunion de lindas damas !

10. Despues de haber visto el salon de V. no se puede decir que las Parisienses monopolizan la elegancia.

11. ¿ Me es lícito invitar á una señora sin haber sido presentado á ella ?

12. Señora, ¿ me dispensa V. el honor de bailar conmigo este rigodon — esta polka — esta mazurka ?

13. Seria V. muy amable en hacerme vis á vis.

14. ¿ Se serviria V. señorita, concederme un vals.

15. Baila V. admirablemente.

16. ¿ Desea V. descansar un instante ? continuaremos despues.

17. Esa jóven es gran música, ¿ no es hija de la Señora X... ?

18. Pocas veces he visto una soirée tan animada.

19. La maîtresse de la maison reçoit vraiment avec une grâce charmante.

19. La señora de la casa recibe con gracia sin igual.

20. Je suis étranger, et c'est une bonne fortune pour moi que mon ami M. X... ait bien voulu me présenter dans cette maison.

20. Soy extranjero y he tenido buena suerte con que mi amigo el Señor X... se haya servido presentarme en esta casa.

21. Mademoiselle, je vous rappelle que vous avez bien voulu me promettre cette valse.

21. Señorita, recuerdo á V. que ha tenido la bondad de prometerme este vals.

22. Je danse toujours avec plaisir.

22. Siempre bailo con gusto.

23. Je ne suis plus assez jeune pour danser.

23. No soy ya jóven para bailar.

24. Auriez-vous la bonté de me dire le nom de la dame qui cause en ce moment avec....?

24. ¿ Se serviria V. decirme como se llama la señora que ahora habla con...?

25. Il me semble que j'ai déjà eu l'honneur de la rencontrer.

25. Me parece que he tenido ya el honor de verla.

26. Les réunions comme celle-ci doivent être assez rares.

26. Reuniones como esta deben ser muy raras.

27. Je préfère de beaucoup les réunions un peu intimes aux grands bals.

27. Prefiero las reuniones de confianza á los grandes bailes.

28. Cette soirée, Madame, m'a fait le plus grand plaisir; elle m'a rappelé celles que je passais dans ma famille.

28. Señora, esta reunion me ha complacido en extremo : me recuerda las que pasaba en mi familia.

29. Cette jeune personne a une voix superbe.

29. Esa jóven tiene una voz soberbia.

30. Elle chante surtout avec beaucoup de goût.

30. Canta sobre todo con mucho gusto.

31. Je regrette, Madame,

31. Lo siento, Señora; pe-

mais je suis un chanteur détestable.

ro soy un cantor detestable.

32. Si je me mettais au piano, je ferais sauver tous vos invités.

32. Si me pongo al piano ahuyento á todos los convidados.

33. Très-volontiers, Madame ; je réclamerai seulement toute votre indulgence, car je suis uh très-mauvais chanteur.

33. Con gusto, Señora ; pero reclamo toda la indulgencia de V., porque soy malísimo cantor.

34. Je suis d'autant plus confus de vos compliments, que je ne les mérite aucunement.

34. Me confunden esos cumplidos que no merezco.

35. Je vous remercie beaucoup, mais je ne connais aucun jeu de cartes.

35. Mil gracias, no juego á las cartas.

36. Cette soirée est charmante, mais il est temps de nous retirer.

36. Esta soirée es deliciosa ; pero es tiempo de retirarse.

37. Il me reste à vous remercier mille fois de votre bienveillant accueil.

37. Doy á V. mil gracias por su bondadosa acogida.

38. Cette bonne soirée sera un des meilleurs souvenirs de mon voyage.

38. Esta buena soirée será uno de mis mejores recuerdos de viaje.

39. Je profiterai de votre aimable invitation et j'aurai l'honneur de vous revoir avant mon départ.

39. Aprovecharé su amable invitacion y tendré el honor de volver á ver á V. ántes de mi marcha.

40. Je ne puis, à regret, accepter votre aimable invitation, car je suis sur mon départ.

40. Siento no poder aceptar la amable invitacion porque estoy á punto de partir.

II. Le théâtre.

II. El teatro.

1. J'aime beaucoup le théâtre.

1. Me gusta mucho el teatro.

2. Le théâtre est une de mes distractions.

3. Avez-vous ici plusieurs théâtres ?

4. J'aime par-dessus tout la musique.

5. Avez-vous plusieurs théâtres consacrés à la musique ?

6. Avez-vous un grand opéra ?

7. Alors on joue tout sur le même théâtre ?

8. Cela dépend des troupes que peut avoir le directeur.

9. L'opéra est-il bien monté ?

10. Qui avez-vous en ce moment comme ténor ?

11: Que joue-t-on ce soir ?

12. J'ai grande envie d'y aller.

13. Vous seriez bien aimable de m'accompagner.

14. Avez-vous vu l'affiche ?

15. A quel spectacle préférez-vous aller ?

16. Allons à celui que vous voudrez.

17. Cela m'est indifférent.

18. C'est seulement pour passer la soirée.

19. A quelle heure le spectacle commence-t-il ?

2. El teatro es una de mis grandes distracciones.

3. ¿ Hay aquí muchos teatros ?

4. Lo que mas me gusta es la música.

5. Tienen Vs. muchos teatros de música?

6. ¿ Hay Opera?

7. ¿ Entónces el mismo teatro es para todo ?

8. Eso depende de las compañías que puede tener el empresario.

9. ¿ Está bien montada la ópera?

10. ¿ Qué tenor hay ahora ?

11. ¿ Qué representan esta noche?

12. Tengo muchas ganas de ir al teatro.

13. ¿ Tendria V. la bondad de acompañarme ?

14. ¿ Ha visto V. el cartel del teatro ?

15. ¿ Á qué teatro prefiere V. ir ?

16. Vamos al que V. guste.

17. Me es indiferente.

18. Solo es por pasar la noche.

19. ¿ Á qué hora empieza el teatro?

Pour avoir des places.

1. Faut-il retenir ses places d'avance ?

2. Faut-il prendre sa place au bureau ?

3. Ne peut-on acheter des billets dans des agences spéciales ?

4. Trouverons-nous des billets à la porte ?

5. N'y a-t-il pas des gens qui offrent des places au rabais ?

6. Pourriez-vous nous faire retenir des places ?

7. Quelles places me conseillez-vous de prendre ?

8. Où sont les bureaux où l'on peut prendre sa place à l'avance ?

9. Que faut-il payer de plus pour la location ?

10. A quelle heure les bureaux ouvrent-ils ?

11. De quel côté se trouve e bureau des premières ?

12. C'est bien insupportable de faire la queue.

13. Les bureaux vont-ils bientôt s'ouvrir ?

14. Il y a beaucoup de monde devant nous.

15. Croyez-vous que nous aurons des places ?

16. Si je savais n'en pas avoir, j'irais voir aux alentours, il doit y avoir des marchands de billets.

Para tomar asientos.

1. ¿ Es preciso tomar el asiento de antemano ?

2. ¿ Hay que tomar el asiento en el despacho ?

3. ¿ No se pueden tomar los asientos en agencias especiales ?

4. ¿ Encontraremos billetes á la entrada ?

5. ¿ No hay quien venda asientos con rebaja ?

6. ¿ Puede V. hacer que nos guarden asientos ?

7. ¿ Qué asientos me aconseja V. que tome ?

8. ¿ Dónde estan los despachos en que se toman los asientos anticipadamente ?

9. ¿ Qué hay que pagar de mas por el alquiler ?

10. ¿ A qué hora se abren los despachos ?

11. ¿ En qué parte estan los despachos de primeras ?

12. Es muy insoportable hacer cola.

13. ¿ Abrirán pronto los despachos ?

14. Hay mucha gente delante de nosotros.

15. ¿ Cree V. que encontraremos asiento ?

16. Si supiese que no habia, iria por aqui cerca en busca de revendedores.

17. Vous pouvez toujours essayer.

18. Gardez-moi ma place pendant ce temps.

19. Combien me vendriez-vous deux fauteuils d'orchestre ?

20. C'est un prix déraisonnable.

21. Je crains de m'exposer à quelque malentendu.

22. Je préfère encore me mettre à la queue.

23. Les portes ne sont pas encore ouvertes.

24. Les bureaux viennent d'ouvrir.

25. On commence à entrer.

26. Ne poussez pas tant, vous n'irez pas plus vite.

27. Pardon, Monsieur, mais j'étais avant vous.

28. Enfin, nous voici au guichet.

29. Je voudrais un — deux fauteuils d'orchestre — fauteuils de balcon — de galerie.

30. Avez-vous des stalles d'orchestre — de galerie — de pourtour ?

31. Si vous n'avez aucune de ces places, dites-moi ce qu'il vous reste.

32. Il nous reste encore des places à la galerie du deuxième — du troisième étage.

17. Vea V.

18. Guárdeme V. el sitio entretanto.

19. ¿ En cuánto me vende V. dos sillones de orquesta ?

20. Es un precio exorbitante.

21. Temo exponerme á algun tropiezo.

22. Prefiero hacer cola.

23. Aun no se han abierto las puertas.

24. Se acaban de abrir los despachos.

25. Ya entran.

26. No empuje V. no por eso entrará V. ántes.

27. Dispense V. caballero, yo estaba delante.

28. Por fin estamos en el postigo.

29. Quisiera uno — dos sillones de orquesta — de balcon — de galería.

30. ¿ Tiene V. asientos de orquesta — de galería — de corredor ?

31. Si no hay ninguno de esos ¿ qué es lo que V. tiene ?

32. Nos quedan asientos de de galería segundo — de tercer piso.

33. Sont-elles sur le premier rang ?

34. Sont-elles de face ?

35. Cela me semble bien haut.

36. Nous serons très-mal.

37. N'avez-vous plus de parterre ?

38. A la guerre comme à la guerre, prenons-en toujours.

39. Je ne veux pas avoir fait la queue pour rien.

40. Vous reste-t-il des baignoires ?

41. A défaut de baignoires, avez-vous des premières loges ?

42. Je voudrais une première loge de face pour six personnes.

43. Avez-vous des loges à salon — des loges d'avant-scène — des loges découvertes ?

44. J'aime mieux monter un étage plus haut et ne pas être sur le côté.

45. Avez-vous des petites loges donnant sur l'intérieur de la scène ?

46. Puis-je aller à l'orchestre sans être en habit ?

47. J'ai entendu dire qu'à Covent-Garden de Londres les hommes n'étaient admis qu'en habit noir.

48. En Italie on paye un prix d'entrée uniforme, mais

33. ¿ Son delanteras ?

34. ¿ Son de frente ?

35. Eso me parece muy alto.

36. Estaremos muy mal.

37. ¿ No tiene V. asientos de patio ?

38. Tomémoslos y ¡ ancha Castilla !

39. No quiero haber hecho en balde la cola.

40. ¿ Le quedan á Vs. plateas ?

41. ¿ Á falta de plateas, tiene V. palcos principales ?

42. Quisiera palco principal para seis personas.

43. ¿ Tiene V. palcos con salon — palcos de proscenio — palcos abiertos ?

44. Prefiero subir un piso mas y no estar de soslayo.

45. ¿ Tiene V. palcos pequeños que den al foro ?

46. ¿ Puedo ir á la orquesta sin ponerme frac ?

47. He oido decir que en Covent-Garden de Lóndres no se admite á los caballeros sino con frac negro.

48. En Italia se paga una entrada, pero no da de-

cela ne vous donne droit qu'aux places de parterre debout ou d'amphithéâtre.

49. Si vous connaissez du monde dans une loge, vous pouvez y aller et y rester. Généralement ces loges sont très-grandes.

50. En Italie et en Espagne les spectacles sont des endroits de réunion ; on se reçoit et l'on se visite dans les loges.

51. On y prend des glaces et en Espagne on y fume la cigarette.

52. En payant un supplément ne puis-je être mieux placé ?

Dans la salle.

1. Je donnerai ma canne à l'ouvreuse.

2. Je vois beaucoup de loges vides, sont-elles toutes louées ?

3. Peut-être qu'en donnant la pièce à l'ouvreuse nous pourrions être mieux.

4. Si vous pouvez nous placer un peu mieux, nous ne vous oublierons pas.

5. Donnez un petit banc à madame.

6. Gardez mon chapeau — mon pardessus — ma canne.

7. Me donnez-vous un numéro ?

recho mas que al patio de pié ó al anfiteatro.

49. Si V. conoce á alguien en un palco puede V. ir allá y quedarse, generalmente los palcos son muy grandes.

50. En Italia y España los teatros son puntos de reunion : se hacen visitas en los palcos.

51. Allí se toman helados y en España se fuman cigarrillos.

52. ¿ No puedo estar mejor pagando un suplemento?

En la sala.

1. ¿ Daré mi baston á la acomodadora?

2. Veo muchos palcos vacios, ¿ están todos alquilados ?

3. Quizá podríamos estar mejor dando una propina á la acomodadora.

4. No la olvidaremos á V. si nos coloca con mas comodidad.

5. De V. un banquillo á la señora.

6. Guárdeme el sombrero — el abrigo — el baston.

7. ¿ Me da V. el número?

8. Voici mon billet ; vou-lez-vous m'indiquer ma place ?

8. Aquí está mi billete ; ¿ quiere V. indicarme mi asiento ?

9. Pardon, Monsieur, je crois que vous êtes à ma place.

9. Dispense V. caballero, creo que ocupa V. mi asien-to.

10. J'ai le numéro... et c'est celui où vous êtes.

10. Tengo el número.... en que está V.

11. Je vous demande mille pardons, vous faites er-reur.

11. Perdone V. pero creo que se equivoca.

12. C'est fort possible, il n'y a qu'à appeler l'ouvreuse.

12. Es muy posible, lla-memos á la acomodadora.

13. Je désirerais un pro-gramme.

13. Desearia un progra-ma.

14. Nous voici casés, ce n'est pas sans peine.

14. Ya estamos colocados, no sin trabajo.

15. Toutes les places sont occupées.

15. Todos los asientos es-tan ocupados.

16. Il y a beaucoup de monde.

16. Hay mucha gente.

17. On est beaucoup trop serré.

17. Está uno muy apre-tado.

18. Ces stalles sont trop étroites.

18. Estos sillones son muy estrechos.

19. Vivent les théâtres d'Italie, on peut y circuler.

19. Vivan los teatros de Italia en donde se puede cir-cular.

20. La salle est grande, mais mal décorée.

20. La sala es grande, pero mal decorada.

21. L'éclairage est insuffi-sant.

21. El alumbrado es es-caso.

22. Ne va-t-on pas lever le gaz ?

22. ¿ No levantan el gas ?

23. Pour la grandeur, rien n'égale les théâtres d'I-talie, mais pour la beauté et la richesse, il n'y a que les théâtres français.

23. Como tamaño, no hay como el teatro de Italia ; pe-ro como hermosura y rique-za el Teatro frances.

24. Il y a beaucoup de beau monde dans les loges et aux balcons.

25. Les jolies femmes sont rares.

26. Il y a de fort belles toilettes.

27. Le monde arrive bien tard.

28. Il me semble que les acteurs se font bien attendre.

29. Va-t-on enfin bientôt commencer ?

30. Le chef d'orchestre est à son poste.

31. Taisons-nous, la toile se lève.

24. Hay mucha gente en los palcos y balcones.

25. Son pocas las mugeres guapas.

26. Hay trajes muy hermosos.

27. La gente llega tarde.

28. Me parece que los actores tardan mucho.

29. ¿ Empezarán por fin ?

30. El jefe de orquesta está en su puesto.

31. Silencio, se levanta el telon.

Pendant un entr'acte.

Durante un entreacto.

1. Il fait très-chaud ici.

2. Voulez-vous sortir un instant ?

3. Faut-il marquer sa place ?

4. Me donnez-vous une contre-marque ?

5. Alors vous me reconnaîtrez ?

6. L'entr'acte est-il long ?

7. Nous avons le temps d'aller prendre une glace.

8. Très-volontiers, car il fait très-chaud.

9. Je crois qu'il est temps de rentrer.

10. Dépêchons-nous, tout le monde est rentré.

1. Hace aquí mucho calor.

2. ¿ Quiere V. salir un rato ?

3. ¿ Hay que marcar el asiento ?

4. ¿ Me da V. una contraseña ?

5. ¿ Entónces me reconocerá V. ?

6. ¿ Es largo el entreacto ?

7. Tenemos tiempo de tomar un helado.

8. Con gusto, porque hace mucho calor.

9. Creo que es tiempo de volver á entrar.

10. Despachémonos, todos han entrado.

11. Le rideau se lève, nous arrivons juste à temps.

12. Le tout est de regagner sa place.

13. L'orchestre est parfaitement conduit.

14. On ne se gêne pas pour faire du bruit.

15. On fait tant de bruit que je n'entends rien de l'ouverture.

16. Nous n'avons pas vu le foyer.

17. Le foyer est très-beau.

18. Comme les loges sont grandes !

19. La salle ne ressemble pas aux théâtres de Paris ; il n'y a pas de galerie, et l'uniformité des loges est d'un effet peu élégant.

20. Indiquez-moi la loge du souverain?

21. Voici le signal pour le lever du rideau.

11. Se alza el telon, llegamos á punto.

12. La cuestion es volver á su asiento.

13. La orquesta está perfectamente dirigida.

14. Se divierten en hacer ruido. ’

15. Con tanto ruido no se oye la obertura.

16. No hemos visto la sala de descanso.

17. La sala de descanso es muy hermosa.

18. Los palcos son grandes.

19. La sala no se parece á los teatros de Paris : no hay galería, y la uniformidad de los palcos es de un efecto poco elegante.

20. Indíqueme V. el palco del soberano.

21. Hacen la señal de alzar el telon.

Comédie — Drame — Tragédie.

1. Comment appelez-vous cette pièce ?

2. De quel auteur est-elle ?

3. Je suis tout à fait incapable de juger la pièce.

4. Un étranger ne peut apprécier le mérite d'une

Comedia — Drama — Tragedia.

1. ¿ Cómo se titula esta pieza ?

2. ¿ De qué autor es?

3. Soy enteramente incapaz de juzgar la pieza.

4. Un extranjero no puede apreciar el mérito de una

comédie — d'un drame — d'une tragédie.

5. Je ne puis apprécier que la physionomie et le geste des acteurs.

6. Heureusement que je connais parfaitement le sujet, sans cela je n'y comprendrais rien.

7. La comédie a fort peu de charme pour moi.

8. Je suis trop peu habitué à votre langue.

9. Je comprends fort peu de chose.

10. Autant que j'en puis juger, cet acteur est un véritable tragédien.

11. Le geste est noble et bien mesuré.

12. La pièce me paraît très-bien montée.

13. Cet acteur n'a pas l'air d'être apprécié du public.

14. Rachel et Ristori ont emporté le secret de la tragédie.

15. Ce sont deux farces auxquelles je ne comprends rien.

16. Pour un comique, il a l'air bien sérieux.

17. Cette actrice doit être bien mauvaise.

18. Le public n'a pas l'air de faire attention à la représentation.

comedia — de un drama — de una tragedia.

5. Solo puedo apreciar la fisonomia y juego de los actores.

6. Por dicha conozco muy bien el asunto, sin lo cual nada comprenderia.

7. La comedia tiene muy poco atractivo para mí.

8. Estoy poco acostumbrado á la lengua de V.

9. Comprendo muy poco.

10. En mi pobre juicio, este actor es un verdadero trágico.

11. Su gesto es noble y comedido.

12. La pieza me parece muy bien puesta en escena.

13. No parece que ese actor es apreciado del público.

14. Rachel y Ristori se han llevado el secreto de la tragedia.

15. No comprendo nada de esas farsas.

16. Para cómico tiene el aire muy grave.

17. Esa actriz debe ser muy mala.

18. No parece que el público atiende á la representacion.

Opéra — Opéra-Comique.

1. Pour un étranger, il n'y a vraiment que les opéras.

2. Je connais presque tous les opéras.

3. Le grand avantage de la musique est que, quel que soit le pays, on la comprend toujours.

4. Avez-vous une bonne troupe en ce moment?

5. Je voudrais en comparer l'interprétation.

6. J'ai entendu cet opéra à Vienne et à Madrid.

7. Je ne mets rien au-dessus de Rossini.

8. Je préfère les œuvres des maîtres italiens. La musique allemande est supérieure.

9. Cette musique est plus savante et plus difficile à juger.

10. Je mets Mozart au-dessus de tous les musiciens.

11. C'est aux Italiéns de Paris que j'ai entendu la meilleure exécution.

12. La musique de Meyerbeer est trop bruyante.

13. Je serais très-heureux d'entendre le *Don Juan* de Mozart.

Opera — Zarzuela.

1. Para un extranjero nada como las óperas.

2. Conozco casi todas las óperas.

3. La gran ventaja de la música es que se comprende en cualquier pais.

4. ¿Tienen Vs. ahora buena compañía?

5. Quisiera comparar su interpretacion.

6. He oido esta ópera en Viena y en Madrid.

7. Nada hallo superior á Rossini.

8. Prefiero las obras de los maestros italianos. La música alemana es mejor.

9. Esta música es mas sabia y mas difícil de juzgar.

10. Mozart está, para mí, sobre todos los músicos.

11. En los Italianos de Paris he oido la mejor ejecucion.

12. La música de Meyerbeer es demasiado estrepitosa.

13. Celebraria ver el *Don Juan* de Mozart.

14. Il ne faut pas dédaigner les maîtres de l'école française : Halévy, Auber, Boïeldieu, Adam, Hérold.

15. Il y a peut-être chez eux moins de savoir, mais plus de mélodie et d'harmonie.

16. Les morceaux d'ensemble ont un très-grand caractère.

17. Les chœurs sont généralement bien exécutés.

18. Les chœurs ne vont pas en mesure.

19. Il n'est pas permis de chanter faux comme cela.

20. Les basses chantent trop fort.

21. On n'entend pas les ténors.

22. Cette voix de contralto est admirable.

23. Elle n'égale pas encore Alboni.

24. Je vous félicite de l'avoir entendue.

25. Avez-vous entendu la Patti ?

26. Je suis fort peu connaisseur en musique, et je préfère l'opéra bouffe.

27. Vous aimez le genre d'Offembach ?

28. Je trouve ce genre beaucoup plus agréable que la musique classique.

29. Je ne puis souffrir les oratorios.

14. No son de desdeñar los maestros de la escuela francesa, Halévy, Auber, Boïldieu, Adam, Herold.

15. Tienen quizá ménos ciencia, pero mas melodía y armonía.

16. Los trozos concertantes son de gran carácter.

17. Por lo general los coros estan bien ejecutados.

18. Los coros no van á compas.

19. No es lícito desafinar de ese modo.

20. Los bajos cantan muy fuerte.

21. No se oye á los tenores.

22. Esta voz de contralto es admirable.

23. No iguala todavia á la de la Alboni.

24. Felicito á V. por haberla oido.

25. ¿Ha oido V. á la Patti ?

26. Soy poco conocedor en música y prefiero la ópera bufa.

27. A V. le gusta el género de Offembach.

28. Encuentro ese género mucho mas agradable que la música clásica.

29. No puedo soportar los oratorios.

30. Les symphonies en *la* majeur ou en *si* bémol ont le privilége de m'endormir.

31. La barcarole a été bien mal chantée.

32. Savez-vous le nom de ce ténor ? il a une fort belle voix.

33. L'exécution est loin d'être parfaite.

34. Je n'ai jamais entendu une meilleure exécution.

35. Ce duo est chanté d'une façon magistrale.

36. Quelle ampleur et quelle souplesse dans la voix !

37. Elle vocalise admirablement.

38. Je vois que vous·êtes un vrai dilettante.

Ballet.

1. Votre corps de ballet est-il bien composé ?

2. Comment appelez-vous cette danseuse ?

3. Elle donne de grandes espérances.

4. Je ne veux pas quitter l'Espagne sans voir les danses de caractère.

5. Les hommes, en dansant, ont toujours beaucoup de peine à ne pas être ridicules.

6. C'est une véritable sylphide.

---

30. Las sinfonías en *la* mayor ó en *si* bemol tienen el privilegio de dormirme.

31. La barcarola ha sido bien mal cantada.

32. ¿ Sabe V. el nombre de ese tenor ? Tiene muy hermosa voz.

33. La ejecucion está léjos de ser perfecta.

34. Jamás oí mejor ejecucion.

35. Este duo está cantado de un modo magistral.

36. ¡ Qué amplitud, qué flexibilidad en la voz !

37. Bocaliza admirablemente.

38. Veo que es V. un verdadero dilctante.

Bailes.

1. ¿ Está bien compuesto el cuerpo de baile ?

2. ¿ Cómo se llama esa bailarina ?

3. Promete mucho.

4. No quiero irme de España sin ver los bailes de carácter.

5. Al bailar los hombres se afanan siempre mucho por no ser ridiculos.

6. Es una verdadera silfide.

7. Ce ballet est très-bien monté.

7. Ese bailete está bien puesto en escena.

8. Je ne vous ferai pas compliment, en général, des jambes de vos danseuses.

8. No alabaré en general las piernas de esas bailarinas.

9. Les costumes sont très-élégants et la mise en scène est très-riche.

9. Los trajes son muy elegantes y el aparato escénico soberbio.

10. L'effet de ce décor est enchanteur.

10. El efecto de esta decoracion es precioso.

11. Pour la mise en scène, rien n'approche de celle de l'Opéra de Paris.

11. Para el aparato escénico nada se acerca al de la Ópera de Paris.

12. J'apprécie peu les ballets.

12. Aprecio poco los bailetes.

13. Je donnerais le plus beau ballet pour un morceau d'opéra.

13. Doy el mejor por un trozo de ópera.

14. Que pouvez-vous trouver d'intéressant à ces pirouettes continuelles ?

14. ¿En qué pueden interesar esas eternas piruetas?

15. La musique des ballets repose de la musique classique.

15. La música de los bailes consuela de la música clásica.

16. Vous dites que la musique de ce ballet est du chef d'orchestre ?

16. ¿Dice V. que la música de este baile es del director de orquesta ?

III. Au café.

III. En el café.

1. Il doit y avoir un café où se réunissent les Français — les Allemands — les Italiens — les Espagnols.

1. Debe haber un café donde se reunen los franceses — los alemanes — los italianos — los españoles.

2. Pour nous reposer, entrons dans un café.

2. Entremos á descansar en un café.

3. Voilà la pluie, allons dans un café finir la soirée.

3. Va á llover, vamos al café á concluir la noche.

4. Avant de nous séparer, vous me permettrez bien de vous offrir un rafraîchissement.

5. Je voudrais bien trouver un café où nous puissions nous rafraîchir.

6. Avec un temps pareil, on ne peut songer à la promenade, allons au café.

7. Indiquez-moi une brasserie.

8. Vous devez avoir ici de très-bonne bière?

9. J'aime beaucoup la bière anglaise.

10. La bière anglaise est trop forte pour moi.

11. L'ale me grise.

12. La bière de Bavière est excellente.

13. Que dites-vous de cette bière?

14 Où tous ces gens-là peuvent-ils mettre tout ce qu'ils boivent de bière?

15. Garçon, servez-nous des glaces.

16. Quelles glaces avez-vous?

17. Ces glaces sont délicieuses.

18. Il faut venir en Italie pour manger des glaces.

19. Servez-nous de la glace et un citron?

20. Toutes ces boissons glacées sont délicieuses.

4. Permítame V. ántes de separarnos ofrecerle un refresco.

5. Quisiera encontrar un café donde refrescarnos.

6. Con este tiempo no hay que pensar en pasearse, vamos al café.

7. Indiqueme V. una cervecería.

8. ¿Aquí debe haber buena cerveza?

9. Me gusta mucho la cerveza inglesa.

10. La cerveza inglesa es muy fuerte para mí.

11. El *pale ale* me emborracha.

12. La cerveza de Baviera es excelente.

13. ¿Que dice V. de esta cerveza?

14. ¿En dónde pueden meter esos hombres todo lo que beben?

15. Mozo, traiga V. helados.

16. ¿Qué helados hay?

17. Estos helados son deliciosos.

18. Preciso es venir á Italia para tomar estos helados.

19. Sírvanos V. helados y un limon.

20. Todas estas bebidas heladas son deliciosas.

21. Comment appelez-vous cette boisson que l'on boit avec une paille ?

21. ¿ Cómo se llama esa bebida que toman con una paja ?

22. Donnez-moi une orangeade glacée.

22. Deme V. una naranjada helada.

23. Il faut venir en Espagne pour trouver cela.

23. Hay que venir á España para encontrar esto.

24. Servez-nous une tasse de café — de thé. Donnez-moi de la crème — une tasse de chocolat — un petit verre d'eau-de-vie — de rhum — de kirsch — d'anisette — de Madère — de curaçao ?

24. Sírvame V. una taza de café — de té. Deme V. leche — una jícara de chocolate — una copa de aguardiente — de rom — de kirsch — de anisete — de Madera — de curasao.

25. Combien vous dois-je ?

25. ¿ Cuánto debo ?

26. C'est à moi de payer, je ne souffrirai pas qu'il en soit autrement.

26. Lo pagaré, no consiento que sea de otro modo.

27. Combien comptez-vous ceci ?

27. ¿ Cuánto vale esto ?

28. Vous devez vous tromper.

28. Debe V. equivocarse.

IV. Café chantant. Cirque.

IV. Café-concierto. Circo.

1. N'avez-vous pas plusieurs cafés chantants ?

1. ¿ Hay varios cafés-conciertos ?

2. La soirée est si belle, je préférerais un café en plein air.

2. La noche es bella, prefiero pasarla en un concierto al aire libre.

3. A quel café chantant me conseillez-vous d'aller ?

3. ¿ Á qué café-concierto me aconseja V. que vaya ?

4. Dans un parc, c'est parfaitement situé.

4. En un parque está muy bien situado.

5. A quelle heure le concert commence-t-il ?

5. ¿ Á qué hora empieza el concierto ?

6. Paye-t-on une entrée ?

6. ¿ Se paga entrada ?

7. On peut passer ainsi sa soirée fort agréablement et en dépensant très-peu.

7. Asi se puede pasar una noche agradable y barata.

8. Avez-vous une carte des différentes consommations ?

8. ¿ Tiene V. la lista de las bebidas ?

9. Combien comptez-vous ceci ?

9. ¿ Cuanto es esto ?

(Voy. *Café*, p. 244.)

(Veáse *Café*, pág. 244.)

10. C'est un véritable concert.

10. Es un verdadero concierto.

11. La salle est bien décorée.

11. La sala está bien decorada.

12. Il fait une chaleur étouffante.

12. Hace un calor sofocante.

13. Je m'étonne que les artistes puissent chanter avec une fumée pareille.

13. No sé como pueden cantar los artistas con tanto humo.

14. On devrait bien donner un peu d'air, car on est étouffé par la fumée.

14. Deberian dar un poco de aire porque el humo sofoca.

15. Les chanteuses sont assez jolies.

15. Son bastante lindas las cantantes.

16. Joue-t-on ici de petites opérettes ?

16. ¿ Se dan aqui zarzuelas ?

17. Dans votre pays, on entend partout de bonne musique.

17. En el país de V. se oye buena música por todas partes.

18. Ce comique est très-amusant.

18. Ese cómico es muy divertido.

19. Il y a aussi des clowns.

19. Tambien hay *clowns*.

20. Ils font une gymnastique impossible.

20. Hacen una gimnasia imposible.

21. Il faut qu'ils soient entièrement disloqués.

21. Deben estar descoyuntados.

22. J'en ai rarement vu d'aussi forts.

22. Pocas veces los he visto mejores.

23. Ils sont très-adroits.

23. Son muy diestros.

24. C'est un métier à se tuer un jour ou l'autre.

24. Es un oficio que tarde ó temprano los matará.

25. Ni vous ni moi ne serions capables d'en faire autant.

25. Ni V. ni yo seriamos capaces de hacer otro tanto.

26. C'est une représentation très-variée.

26. Es una representacion muy variada.

27. Pour bien connaître les mœurs d'un pays, il faut surtout aller dans ces petits théâtres populaires.

27. Para conocer bien las costumbres de un país es preciso sobretodo frecuentar esos teatrillos del pueblo.

V. Dans un bal public.

V. En un baile público.

1. Pourriez-vous m'indiquer un bal où l'on puisse passer une soirée agréable ?

1. ¿ Podría V. indicarme un baile en donde pasar la noche agradablemente ?

2. Indiquez-moi celui que vous croyez le plus beau.

2. Indíqueme V. el que le parezca mejor.

3. Ce bal est-il ouvert tous les soirs ?

3. ¿ Está abierto el baile todas las noches ?

4. Combien coûte-t-il d'entrée ?

4. ¿ Cuanto cuesta la entrada ?

5. A quelle heure le bal commence-t-il ?

5. ¿ Á qué hora empieza el baile ?

6. C'est, dites-vous, le rendez-vous du monde élégant, en hommes et en femmes.

6. ¿ Dice V. que es el punto de reunion de los hombres y mujeres elegantes ?

7. Vous ne m'avez pas trompé, ce bal est fort joli et l'orchestre est très-bon.

7. No me ha engañado V.: el baile es muy lindo y la orquesta muy buena.

8. Il y a de fort belles toilettes et de très-jolies personnes.

8. Hay muy hermosos trajes y muy lindas mujeres.

9. Mademoiselle, voulez-vous accepter mon bras pour faire un tour de promenade ?

9. Señorita, ¿ gusta V. aceptar mi brazo para dar una vuelta ?

10. Je regrette de ne pas savoir votre langue.

11. Si vous voulez bien y mettre un peu de bonne volonté, nous pouvons causer à l'aide de ce petit livre.

12. Voulez-vous bien accepter un rafraîchissement ?

13. Entrons dans ce café.

14. Que préférez-vous ?

15. Vous serait-il agréable de faire un tour de valse ?

16. J'ai fort mal dîné et je souperais volontiers.

17. Je ne puis souffrir manger seul, vous seriez bien aimable de me tenir compagnie.

18. J'aurai recours à vous pour m'indiquer un restaurant.

19. Cela m'a l'air très-loin ; nous ne pouvons y aller à pied, prenons une voiture.

20. Dans quel quartier demeurez-vous ?

21. J'aurai le plaisir de vous revoir.

22. Voyagez-vous quelquefois ?

23. Avez-vous habité longtemps ce pays ?

VI. Une rencontre.

1. Je suis étranger et je viens dans votre ville pour me distraire.

10. Siento no saber la lengua de V.

11. Si V. quiere ser complaciente podríamos hablar por medio de este librito.

12. ¿ Gusta V. refrescar ?

13. Entremos en este café.

14. ¿ Qué prefiere V. ?

15. ¿ Gusta V. dar una vuelta de vals ?

16. He comido muy mal y cenaria de buena gana.

17. No me gusta comer solo, ¿ se serviria V. acompañarme ?

18. Tenga V. la bondad de indicarme una fonda.

19. Me parece muy léjos : no se puede ir á pié, tomemos un coche.

20. ¿ En qué barrio vive V. ?

21. Tendré el gusto de volver á ver á V.

22. ¿ Viaja V. alguna vez ?

23. ¿ Ha vivido V. largo tiempo en ese país ?

VI. Un encuentro.

1. Soy extranjero y vengo á esta ciudad para distraerme.

2. Il est fort ennuyeux de ne pas connaître la langue.

2. Es muy fastidioso no conocer la lengua.

3. Je n'ai jamais autant regretté mon ignorance.

3. Jamás me ha pesado tanto mi ignorancia.

4. Voulez-vous être mon professeur ?

4. ¿ Quiere V. ser mi maestro ?

5. Il me semble que par la conversation j'apprendrais très-vite.

5. Creo que con la conversacion aprenderé muy pronto.

6. Avez-vous beaucoup voyagé ?

6. ¿ Ha viajado V. mucho ?

7. Nous connaissons les mêmes pays, nous pouvons en causer.

7. Conocemos el mismo pais, podemos hablar de él.

8. La vie ici doit être fort agréable, mais il faut y connaître quelques personnes.

8. La vida debe ser muy agradable aquí ; pero se necesita conocer algunas personas.

9. Ne serait-ce pas être indiscret que de vous prier de vouloir bien passer la soirée avec moi ?

9. ¿ Será indiscrecion rogar á V. que pase conmigo la tarde?

10. J'aurai, je vous en préviens, recours à vous pour beaucoup de renseignements.

10. Recurriré á V. se lo prevengo, para muchos informes.

11. Je vous prierai d'abord de m'indiquer un restaurant où nous puissions dîner confortablement.

11. Desde luego le rogaré me indique una fonda en donde podamos comer bien.

12. Vous avez eu la main heureuse, nous serons très-bien ici.

12. Ha tenido V. buena mano, estaremos aquí muy bien.

13. Y venez-vous quelquefois ?

13. ¿ Viene V. aquí algunas veces?

14. Je déteste les tables d'hôte.

14. Aborrezco las mesas redondas.

15. Je préfère de beaucoup dîner avec une ou deux personnes.

15. Prefiero mas comer con una ó dos personas.

16. Ne pouvez-nous nous faire servir dans une pièce séparée ?

17. Je parle si mal que je ne veux attirer l'attention de personne.

18. Soyez assez bon pour commander le dîner.

19. Veuillez me passer la carte, j'arriverai bien à commander le dîner.
(Voy. *Dîner au restaurant*, p. 105.)

20. Si vous le voulez bien, par un tour de promenade, nous terminerons la soirée que vous voulez bien me consacrer.

21. Préférez-vous prendre une voiture ?

22. De quel côté pourrions-nous bien aller ?

23. Il fait un si beau temps qu'il serait dommage d'aller s'enfermer dans un théâtre.

24. Par un temps pareil, on ne peut aller qu'au théâtre.

25. Vous devez connaître les bals ?

26. Je serais très-curieux d'y aller.

27. Conduisez-moi au plus beau que vous connaissiez.
(Voy. *Bal public*, p. 248.)

28. Je vois que vous préférez venir au théâtre.

29. Dites-moi franchement votre goût.

16. ¿ Podemos hacer que nos sirvan en un cuarto separado ?

17. Hablo tan mal que no quiero llamar la atencion de nadie.

18. Sírvase V. ordenar la comida.

19. Páseme V. la lista, ya podré pedir la comida.
(Véase: *Comida en la fonda*, pág. 105.)

20. Si V. gusta concluiremos con una vuelta la tarde que ha tenido V. á bien dedicarme.

21. ¿ Prefiere V. tomar un coche ?

22. ¿ Hácia qué lado iremos ?

23. Hace tan buen tiempo que seria lástima encerrarse en el teatro.

24. Con este tiempo no se puede ir senon al teatro.

25. ¿ V. debe conocer los bailes ?

26. Tendria curiosidad en ir allá.

27. Lléveme V. al mejor que conozca.
(Véase : *Baile público*, pág. 248.)

28. Veo que prefiere V. ir al teatro.

29. Diga V. francamente su gusto.

30. Pensez-vous qu'aussi tard nous trouvions encore de bonnes places ?

31. Si nous ne trouvons pas de place à ce théâtre, nous irons à un autre.

(Voy. *Théâtre*, p. 231.)

32. Est-ce qu'il y a tous les jours autant de monde qu'aujourd'hui ?

33. Il y a de fort belles toilettes et de beaux équipages.

34. Vous accepterez bien, avant de rentrer, une glace ou autre chose ?

35. J'ai, grâce à vous, passé une soirée charmante.

36. J'aurai le plaisir de vous revoir.

37. A quel endroit vous rencontrerai-je ?

38. Vers quelle heure ?

39. Je ne sais vraiment comment vous remercier.

40. Voici l'adresse de mon hôtel, vous avez promis de venir me voir.

41. Je compte sur votre promesse.

30. ¿ Cree V. que tan tarde encontraremos buenos asientos ?

31. Si no encontramos asiento en este teatro, iremos á otro.

(Véase : *Teatros*, pág. 231.)

32. ¿ Hay siempre tanta gente como hoy ?

33. Hay muy lindos trajes y hermosos coches.

34. ¿ Ántes de volver á casa aceptará V. un helado ú otra cosa cualquiera ?

35. Gracias á V. he pasado una noche deliciosa.

36. Tendré el gusto de volver á ver á V.

37. ¿ En dónde nos encontraremos ?

38. ¿ Á qué hora ?

39. Verdaderamente no sé como dar á V. las gracias.

40. Esta es la direccion de mi fonda, me ha prometido V. venirme á ver.

41. Cuento con la promesa de V.

FIN.

TABLE DES MATIÈRES.

—

DIALOGUES FRANÇAIS-ESPAGNOLS.

CHAPITRE PREMIER.

CHAPITRE II.

CHAPITRE VIII.

CHAPITRE IX.

FIN DE LA TABLE DES MATIÈRES.

CORBEIL. — Typ. et stér. de CRÉTÉ FILS.

www.ingramcontent.com/pod-product-compliance
Lightning Source LLC
Chambersburg PA
CBHW070547200326
41519CB00012B/2145

* 9 7 8 2 0 1 3 0 1 7 3 2 9 *